50 甜美缎带饰

[美] 迪安娜·科兹摩·麦库尔/著

李威正/译

中国纺织出版社

50 甜美缎带饰

完美的礼物，华丽的发夹，美丽的胸花，
体会美妙的装饰乐趣。

Contents 目录

甜美缎带之爱

作为我计划从事一生的手工艺事业，我开始制作发带是源于有一次我女儿去上幼儿园时只穿了一件很普通的校服。我想要让她看起来更与众不同一些，有点独特的格调，有点美女的气质，还有自我风格的展现。我立刻想到缎带可以实现这一切，它物美价廉，让人看见就高兴。而且易学又速成，任何人都可以偷得一点空闲来完成这个可爱小物。

左侧层状结做法见第124页，右侧毛蝴蝶多圈混合结做法见第118页。

从那以后，我对缎带手工的热爱发展成为我的事业——售卖蝴蝶结发饰。几年后我开始教人创作缎带蝴蝶结和花朵饰品，后来又创办了Birdsong品牌，销售教程和图解产品。同时，我还在www.sewmccool.com这个网站上发布关于缎带工艺、缝纫、拼布和其他与纤维艺术相关的博客。

迪安娜·科兹摩·麦库尔

第一章

缎带的基本介绍

曾经，缎带只属于贵族，并被作为特别礼物赠予他人。如今，人人都可以拥有它——缎带被绕圈、折叠、编织、粘合，最后被制成精美的配件。本章我们将会学习缎带的类型，制作缎带的工具，以及能为你的小玩意儿增添光彩的核心技巧。

缎带的类型

缎带，凭借着其吸引眼球的颜色和设计，能使一个普通的小玩意儿锦上添花。缎带通过折叠、打结、缝制和粘合等方式可以变成有个人风格的潮流配饰。

从一般的手工品商店、精品布料店到网店，很多地方都可以买到缎带。市面上的缎带，宽度从5mm到130mm，有不同的价格和质量。

缎带的边缘易磨损，需要用锁边液进行封边，或者用烙画笔或打火机加热封边。边缘也可以缝制。如何封边取决于缎带的纤维成分。由天然纤维——棉、亚麻、丝绸制成的缎带应由锁边液封边，而化学纤维——涤纶、棉纶、和醋酯纤维制成的缎带可以由锁边液或加热的方式封边。

市面上的锻带分为夹金属丝的和无金属丝的两种。除非另有说明，本书中的大部分结都是由无金属丝缎带做成的。有金属丝的锻带一般用于礼品包装、花束包装以及制作花环上的缎带结。无金属丝的缎带多用于各种发结。

罗缎

质感与材质：
罗缎是一种有织纹的缎带，既可以由化学纤维制成，也可以由天然纤维制成。

颜色与样式：
罗缎颜色丰富、款式多样，是市面上使用最广泛和最便宜的一种缎带之一。

适合制作：
折叠式发带结和缎带饰品。

可塑性：
聚酯罗缎的末端可采用高温进行封边，材质稍硬一些的罗缎在制作发带结时不易变形。由于罗缎本身较厚，所以当使用较宽的罗缎制作缎带结时，打结会有一定难度。罗缎对于初学者来说是一个很好的选择。

绸缎

质感与材质：
绸缎光滑亮丽，有一定的垂坠感，既可以由化学纤维制成，也可以由天然纤维制成。

颜色与样式：
颜色丰富，样式有双面（两面都有光泽）和单面（只有一面有光泽）之分。

适合制作：
特殊场合佩戴的发带结、缎带饰品、缎带花和一些包裹结。

可塑性：
除非是有线的种类，否则绸缎极难成形，但是绸缎容易编织成结。当要做发带结时，首先尝试使用罗缎制作，熟练后再使用绸缎。

塔夫绸

质感与材质：
塔夫绸类似于绸缎，光滑且略带光泽，但是相比绸缎，塔夫绸垂坠感略差。塔夫绸有少许织纹，既可以由化学纤维制成，也可以由天然纤维制成。

颜色与样式：
颜色丰富，一些塔夫绸由于织物中纤维的原因，还有彩虹般闪亮的颜色。相比于绸缎，塔夫绸在市面上并不多见。只在一些精品缎带布料店和网上特色缎带供应商手中可以买到。

适合制作：
包装结、长凳结和缎带花。

可塑性：
相对于绸缎来说，塔夫绸更易成形和上手。

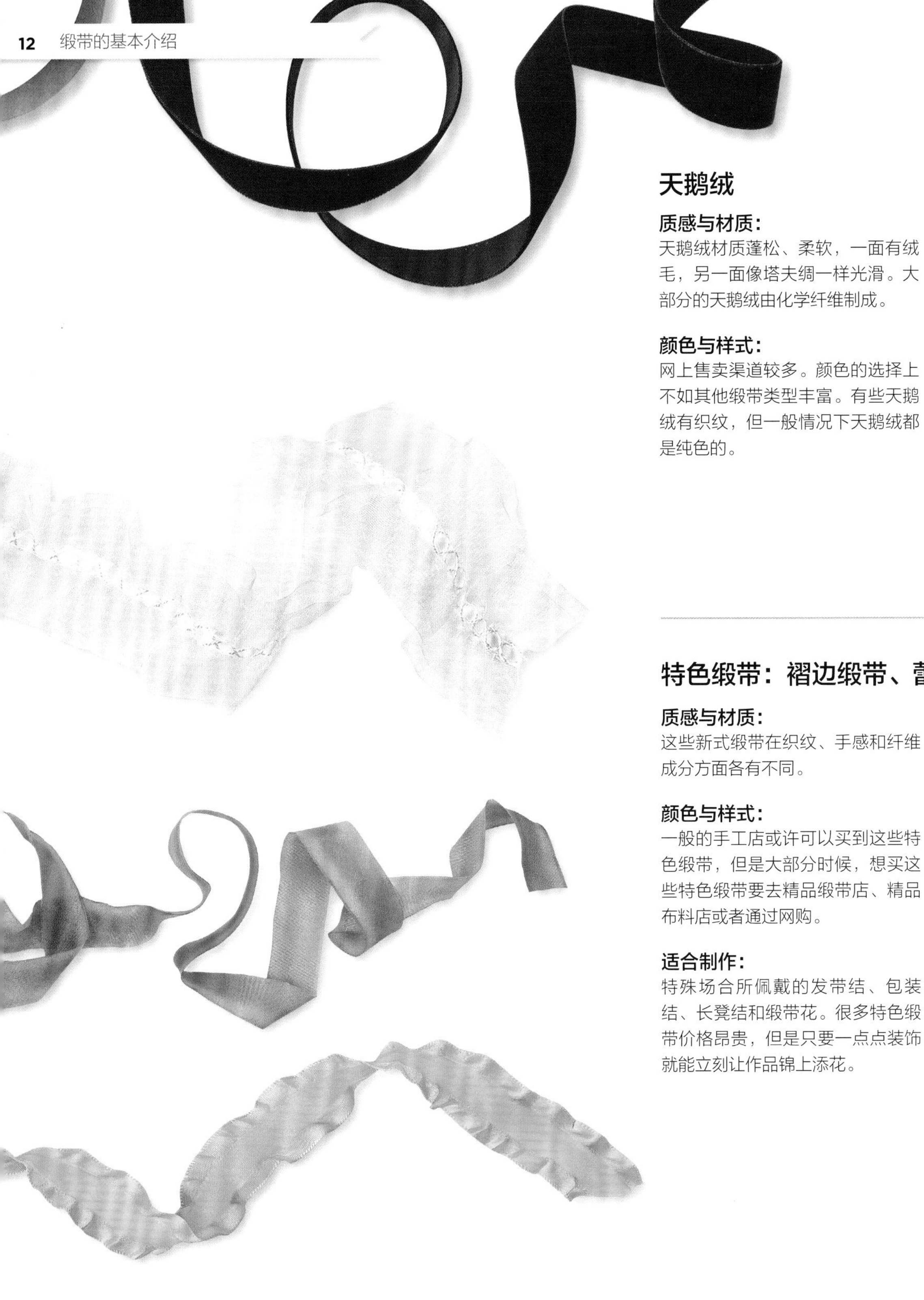

天鹅绒

质感与材质：
天鹅绒材质蓬松、柔软，一面有绒毛，另一面像塔夫绸一样光滑。大部分的天鹅绒由化学纤维制成。

颜色与样式：
网上售卖渠道较多。颜色的选择上不如其他缎带类型丰富。有些天鹅绒有织纹，但一般情况下天鹅绒都是纯色的。

适合制作：
发带结以及叠加在底部稳固的结的上方。

可塑性：
天鹅绒较厚，所以在制作各种结时，要考虑到卷折处的厚度，预留长度应比推荐长度更长一些。

特色缎带：褶边缎带、蕾丝、珠绣缎带

质感与材质：
这些新式缎带在织纹、手感和纤维成分方面各有不同。

颜色与样式：
一般的手工店或许可以买到这些特色缎带，但是大部分时候，想买这些特色缎带要去精品缎带店、精品布料店或者通过网购。

适合制作：
特殊场合所佩戴的发带结、包装结、长凳结和缎带花。很多特色缎带价格昂贵，但是只要一点点装饰就能立刻让作品锦上添花。

可塑性：
由于每种特色缎带都不一样，所以在制作前一定要多摸、多感受、多练习。

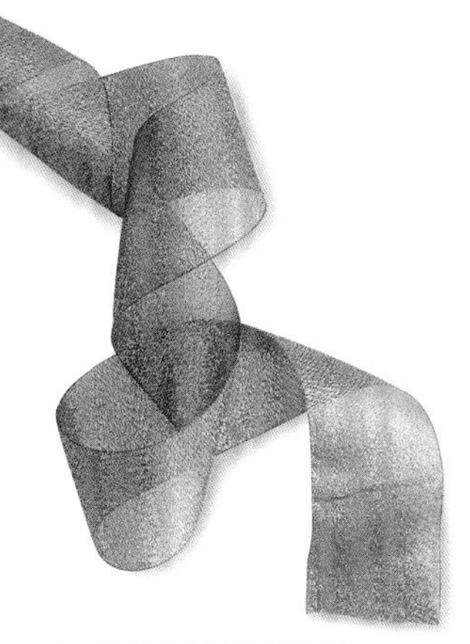

夹金属丝的缎带

质感与材质：
闪亮光滑，厚度根据生厂商不同而有差异。一般由加入了金属成分的锦纶或者是聚酯纤维制成。

颜色与样式：
多为金色、银色、玫瑰金色。还有一些缎带由于所添加的金属不同会呈现出不一样的颜色。一般店里和网上都很容易买到。

适合制作：
正如绸缎一样，夹金属丝的缎带适用于制作特殊场合佩戴的发带结、缎带饰品、缎带花以及其他一些包装结。

可塑性：
夹金属丝的缎带的手感和厚度各不相同，但夹金属丝的缎带和绸缎卷折以及打结的方法大体相同。夹金属丝的缎带极易磨损。

雪纺、薄纱缎带、硬纱缎带

质感与材质：
此类缎带属于薄而透的编织缎带，一部分有绸缎封边。市面上大部分的薄透缎带一般是由锦纶制成的，但不同。

颜色与样式：
部分印花或有织纹，通常为纯色。颜色选择上并不像其他缎带一样丰富。

适合制作：
长尾缎带和分层结中的突出点缀。

可塑性：
透气轻盈，易编织成结，易卷折。此类缎带易磨损，热封时会产生大量烟雾和难闻气味，所以必须在通风良好的地方操作，建议戴面具进行热封。

提花缎带

质感与材质：
绣花缎带，正反面分明。既可以由化学纤维制成，也可以由天然纤维制成，或由二者混合制成。

颜色与样式：
颜色丰富，款式多样，网上商城货源充足。但相较于印花罗缎和绸缎而言价格更高。

适合制作：
缝制在其他织物或者缎带上，以及叠加在底部稳固的结的上方。

可塑性：
极易磨损，质地类似布料。与天鹅绒差不多，提花缎带同样较厚，所以在制作各种结时，要考虑到卷折处的厚度，预留长度应比推荐长度更长一些。

衣夹

棉线

圆木棒

工具和材料

缎带手工艺品一个最大的好处就是用料便宜。除了缎带外，其他需要用到的材料有：尺子、质量上乘的剪刀、针、线（或丝）、热熔胶枪、胶棒、封边工具（如烙画笔或者锁边液等）、发饰配件等。其他材料，尤其是一些装饰物，应根据作品样式按需购买。

缝衣线和金属丝

制作发带结需要缠绕成球状小卷的8号丝光刺绣棉线。制作缎带花要用到普通的缝衣线。制作包装结需要26号金属线，珠宝饰品会用到有弹力的珠宝线。花枝结要用到专门的花艺金属丝。

测量工具

直尺或卷尺可以算得上是合适的测量工具。
而一个更好的方法是使用带有刻度、可自动愈痕的手工垫板。将玻璃(绝不能是塑料)置于垫板之上，以便能使用烙画笔快速切割。因为放在玻璃上用工具切割时，剪裁和封边可以同时进行。

封边工具及产品

化学纤维制作而成的缎带末端可用烙画笔或打火机热封，天然纤维缎带则需要锁边液来封边，当然，锁边液同样适用于化学纤维缎带。

针

中号绳绒针（类似于国内的尖头大眼缝针）可以用于制作大多数的发结，普通的缝衣针用于缎带花和其他产品。串珠针用于制作饰品和其他与花朵相关的作品。

黏合剂

请购买高温胶枪以及高温或双温热熔胶棒。制作多层缎带，需要购买专门的织物胶水。一些结完成制作后，需要使用织物定型喷雾或布料上浆剂来定型。需要购买专门的花艺胶带。

缝纫和手工用品

水溶性马克笔或气消笔是最常用的标记工具。某些情况下也会用到铅笔。定位珠针适用范围很广，在某些时候扁头裁缝大头针也会派得上用场。制作卷卷蝴蝶结时，会用到8mm或6mm的圆木棒和木质衣夹。

剪刀和剪线钳

使用锋利的尖头织物剪刀来裁剪缎带，以及小剪刀用来修剪线头。在使用夹金属丝的缎带或花茎时，剪线钳十分重要。不要使用裁剪缎带结的剪刀来剪金属丝，那样会使剪刀出现裂纹。

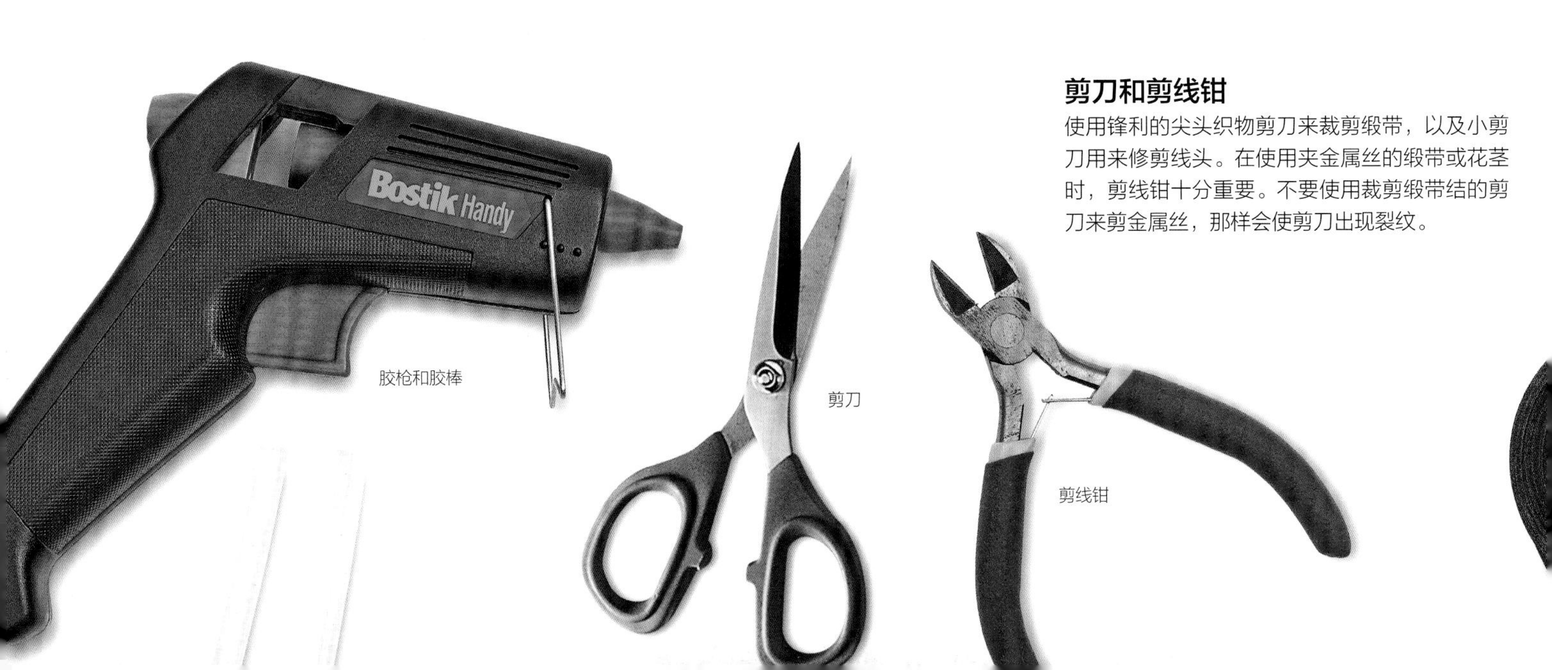

胶枪和胶棒

剪刀

剪线钳

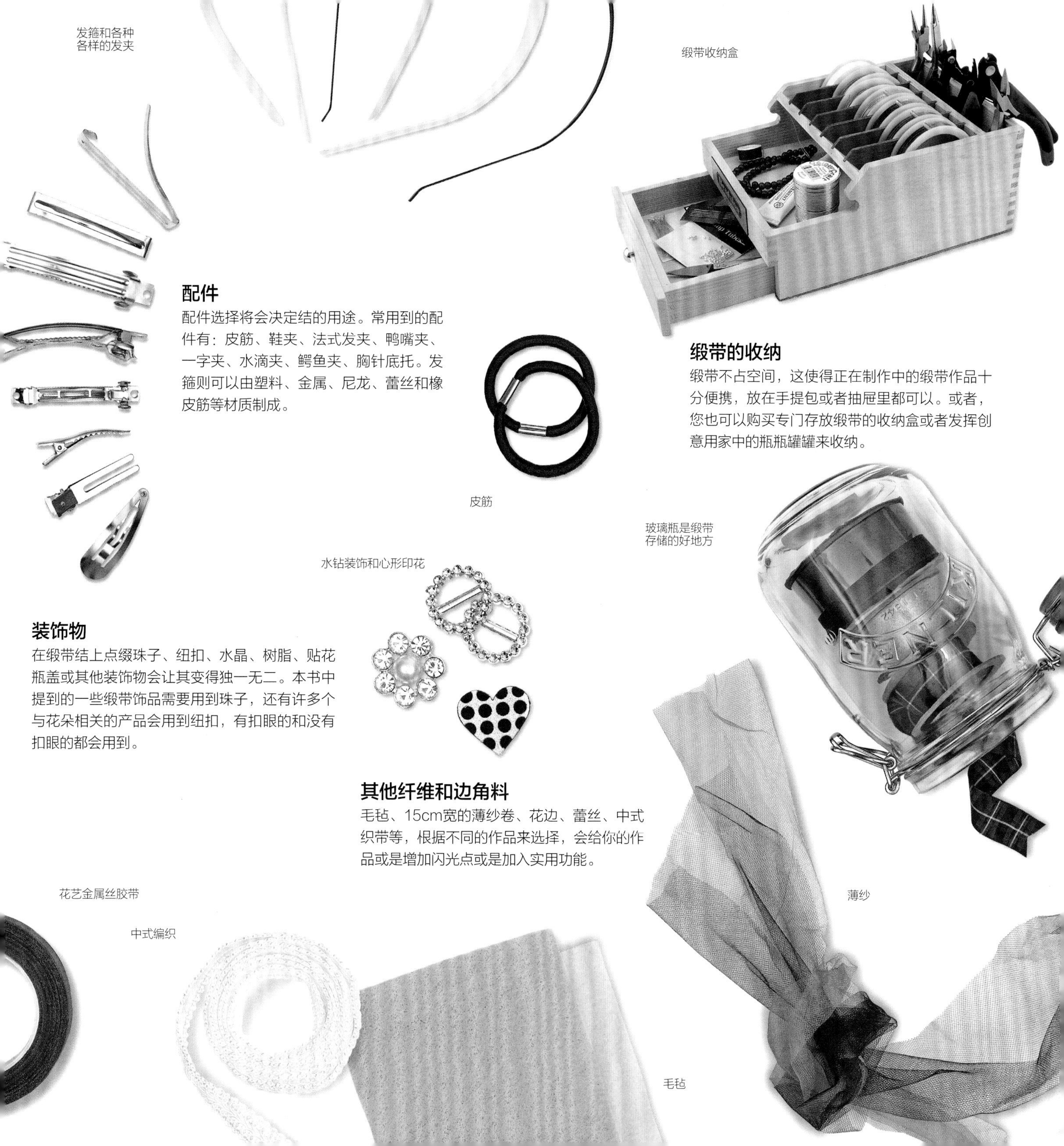

配件

配件选择将会决定结的用途。常用到的配件有：皮筋、鞋夹、法式发夹、鸭嘴夹、一字夹、水滴夹、鳄鱼夹、胸针底托。发箍则可以由塑料、金属、尼龙、蕾丝和橡皮筋等材质制成。

缎带的收纳

缎带不占空间，这使得正在制作中的缎带作品十分便携，放在手提包或者抽屉里都可以。或者，您也可以购买专门存放缎带的收纳盒或者发挥创意用家中的瓶瓶罐罐来收纳。

装饰物

在缎带结上点缀珠子、纽扣、水晶、树脂、贴花瓶盖或其他装饰物会让其变得独一无二。本书中提到的一些缎带饰品需要用到珠子，还有许多个与花朵相关的产品会用到纽扣，有扣眼的和没有扣眼的都会用到。

其他纤维和边角料

毛毡、15cm宽的薄纱卷、花边、蕾丝、中式织带等，根据不同的作品来选择，会给你的作品或是增加闪光点或是加入实用功能。

核心技巧

用缎带做出好看的结需要我们掌握一些方法。在本节中我们就要学习这些核心的技巧。

修剪缎带末端

为了整齐和美观，我们要修剪缎带末端。斜剪、V剪和倒V剪是三种最基本的修剪方法。

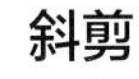

斜剪

从缎带末端1.2cm处，以45° 角向上剪裁，根据需要也可以反方向剪。

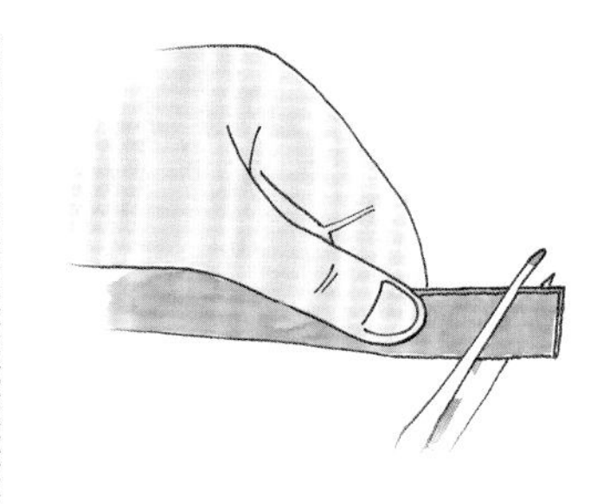

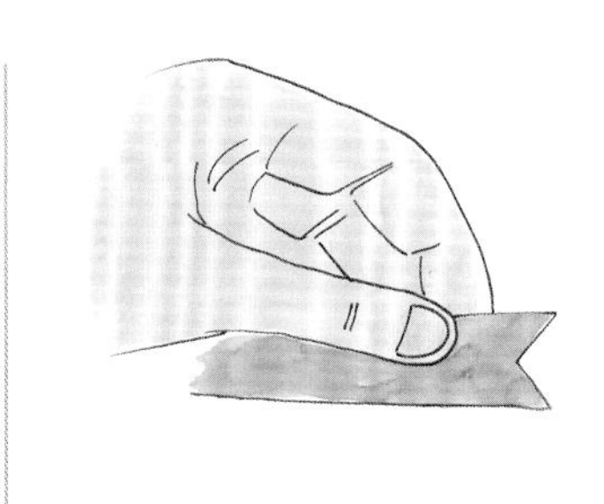

V剪

V剪分为两步。先将缎带沿中线对折，然后从折线处向边缘裁剪。

倒V剪

倒V剪就是相反方向的V剪。要先估量好剪刀的角度，让剪刀向相反的方向进行裁剪。

缎带封边

所有的缎带都易磨损，用化学纤维制成的缎带在高温下会熔成整齐的边，因此可以进行热封。天然纤维制成的缎带必须用锁边液封边，锁边液也可以用于化学纤维缎带。

使用锁边液

在使用化学纤维或天然纤维时，要小心地挤压瓶身，在缎带末端涂上一道细细的锁边液，胶水干了之后会变透明，但偶尔还是会留下一道水印。

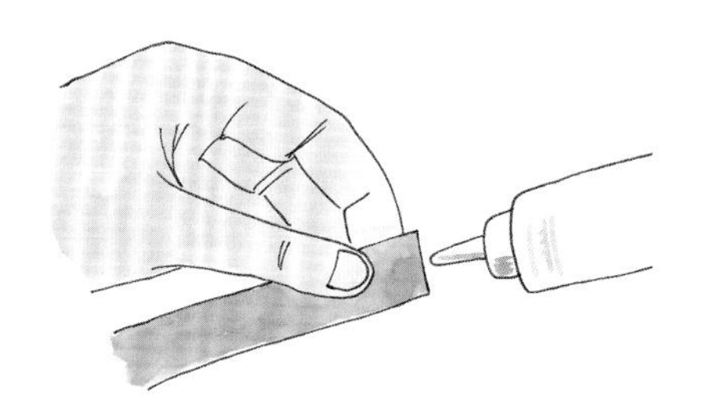

使用打火机或烙画笔

使用打火机或烙画笔对化学纤维进行热封。用烙画笔在末端轻扫一下，或者将打火机的火苗在末端扫一下。注意要先练习一下并在通风良好的环境里进行，因为热封将会产生难闻的气味。如果一次性要做很多结，推荐使用可换过滤网的口罩。一般不需花费很多就能买到这些材料。

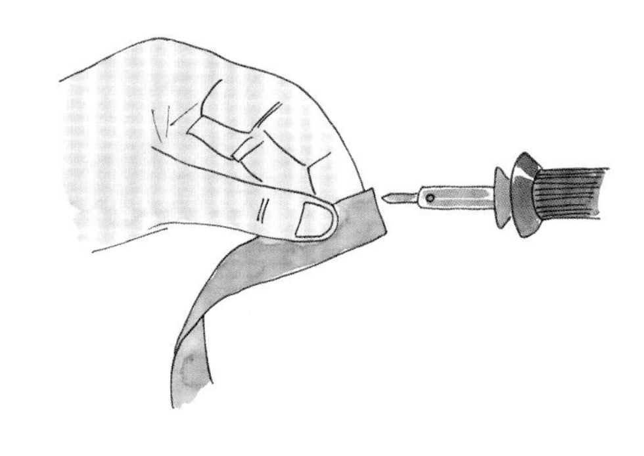

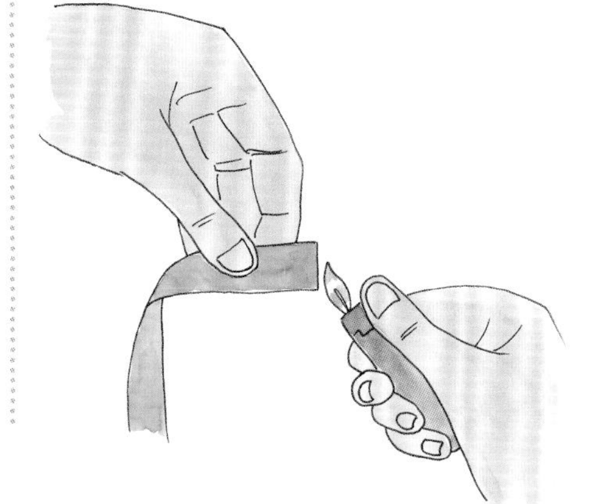

使用缝纫机

如果你有一台缝纫机的话，那我们可以采用另一种方法给天然纤维缎带封边：在缎带末端缝上之字形的针脚。如果没有的话，还是推荐使用锁边液。

给发夹加内衬

法式发夹和鸭嘴夹的内衬一定要处理得很专业。

给法式发夹加内衬

给法式发夹加内衬，先剪下一段10mm的宽，与发夹底部同样长的缎带并封好边，然后用热熔胶枪将缎带粘在法式发夹上。

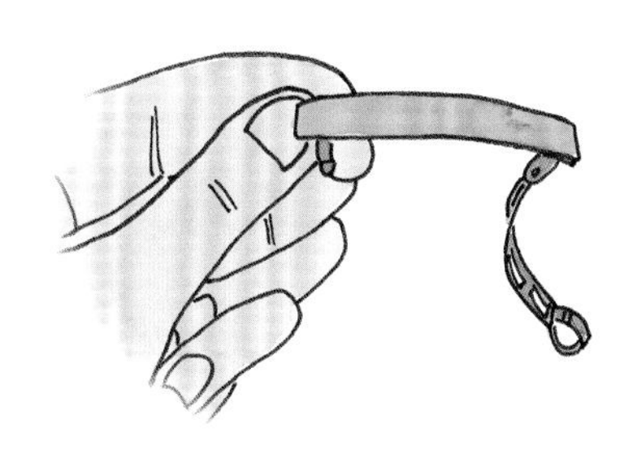

给鸭嘴夹加内衬

1. 给鸭嘴夹加内衬要先剪下一段10~11cm宽的缎带并封好边，使夹子处于打开状态，用热熔胶枪将缎带先固定在夹子上部的内侧，然后继续用缎带包裹夹子表面并用胶粘好。

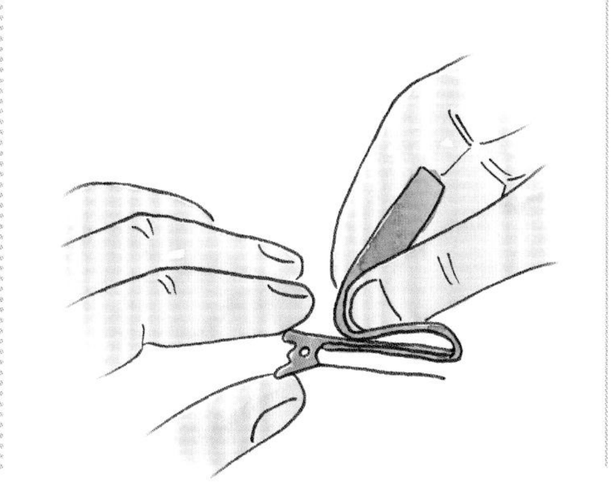

2. 将缎带粘到按动夹子的部分。接着继续用缎带包裹住夹子底部，只粘到弹簧处。

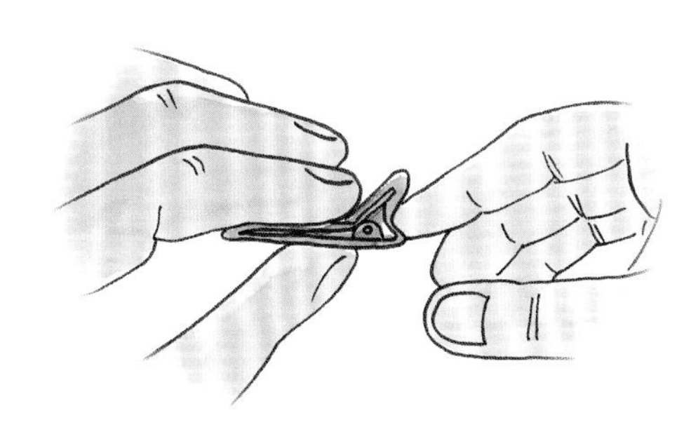

将结的中心折成扇形褶皱

折叠结的中心，你需要将其折叠为手风琴的形状或扇形。这需要不断练习！

1. 将穿好线的针穿过结的中心。

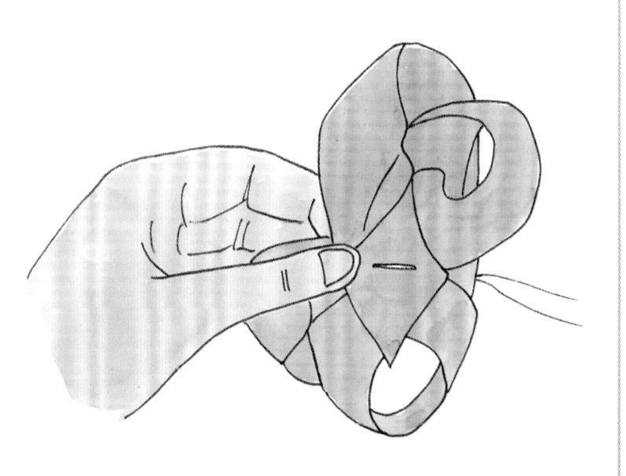

2. 从结的中心向上捏，边捏边折。

3. 从结的底部向中心捏，边捏边折。

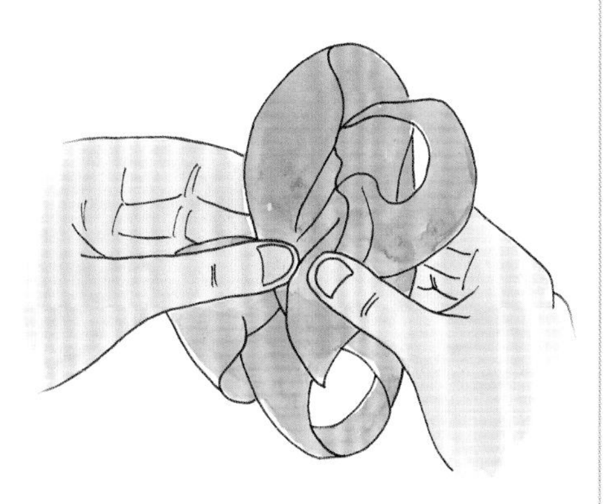

4. 一只手紧紧地捏住折叠好的缎带，将线绕着中心缠绕几圈，在后部打一个结。修剪线头。

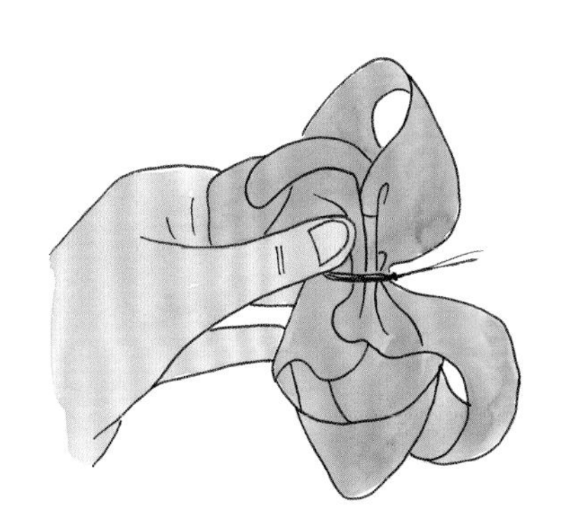

以缠绕法处理结的中心会使你的蝴蝶结看起来精致整洁。

处理结的中心：打结法和缠绕法

将发带结的中心以打结法或缠绕的方法处理，不但能使结看起来是系在一起的，还能隐藏所有不美观的针脚。

缠绕法

将缎带平整的缠绕在结的中心，适用于干净利落的风格。

1. 以缠绕法处理结的中心，需要剪下一小段缎带，通常为10~16mm宽，10~13cm长。将其折叠并找到中心。

2. 使用热熔胶将中心固定在蝴蝶结发饰的正面。

打结法

1. 剪下一小段缎带，通常为10~16mm宽，10~13cm长。双手各拿着缎带的一端，将一端与另外一端交叉，将一端翻转过来，形成一个环。轻轻拉扯两端形成结。

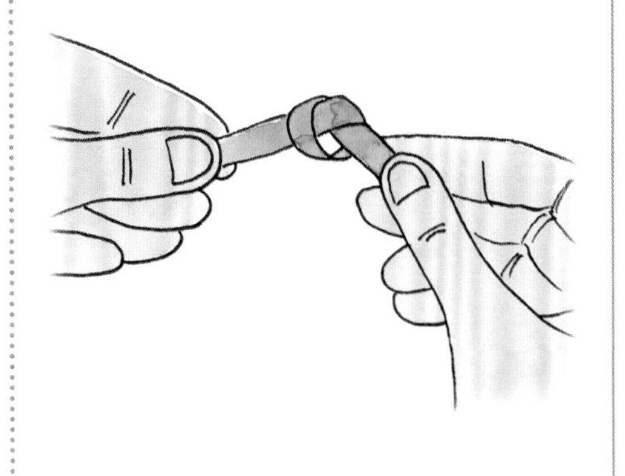

2. 使用热熔胶将结的中心固定在蝴蝶结发饰的正面。

将结粘在包装盒上

在结的背面粘上一个胶带圈或粘一片方形的双面胶，然后将结按压在包装盒上。

安装蝴蝶结

你可能会在蝴蝶结背面安装许多不同种类的配件。通常，简单地在蝴蝶结后面粘上配件就可以了。对于蝴蝶结头饰来说，你需要注意将配饰粘牢，并将发夹处理得漂亮、精致。

安装鸭嘴夹

安装鸭嘴夹，要将已加了内衬的鸭嘴夹（见第17页“给鸭嘴夹安装内衬”）粘在蝴蝶结背面。用缠绕法或打结法处理中心后，将中心的缎带从中心向两边包裹住，然后绕到背面。按开夹子，将中心缎带的一端粘在鸭嘴夹上部的背面并修剪边缘。另外一端也重复此操作。

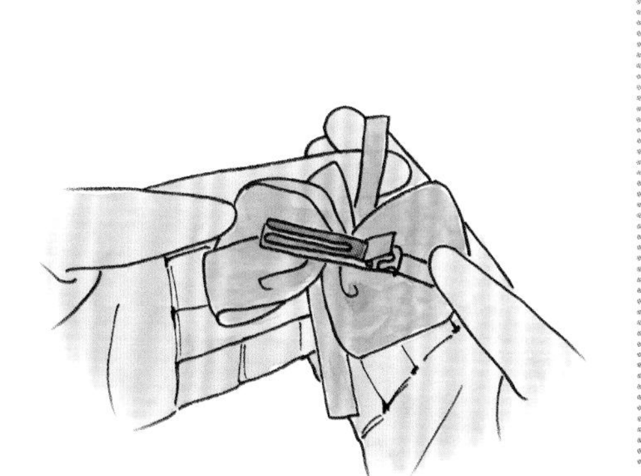

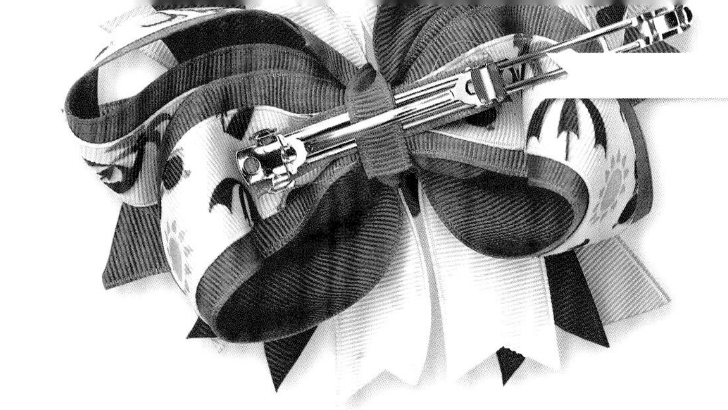

安装法式发夹

1. 安装法式发夹，从已加好内衬的发夹上取下中心条（见第17页“给法式发夹加内衬”），放在一边备用。

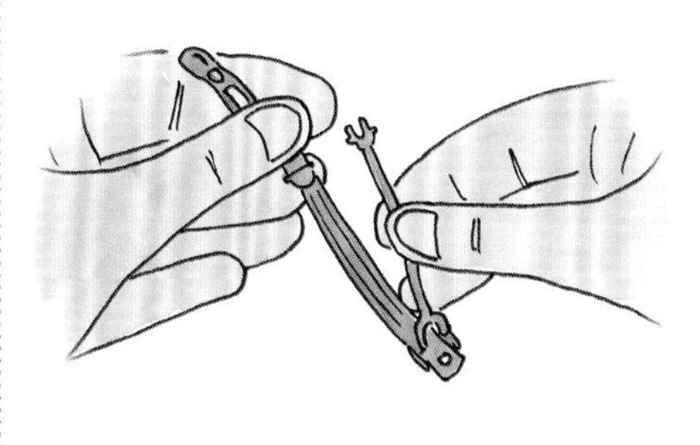

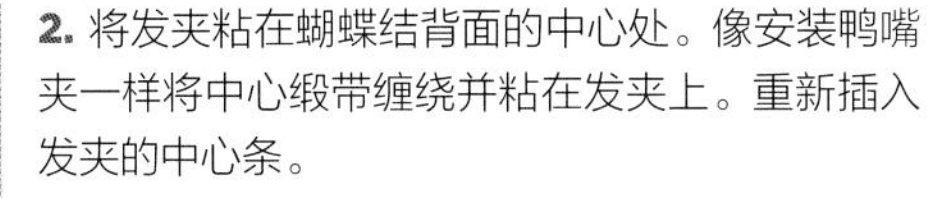

2. 将发夹粘在蝴蝶结背面的中心处。像安装鸭嘴夹一样将中心缎带缠绕并粘在发夹上。重新插入发夹的中心条。

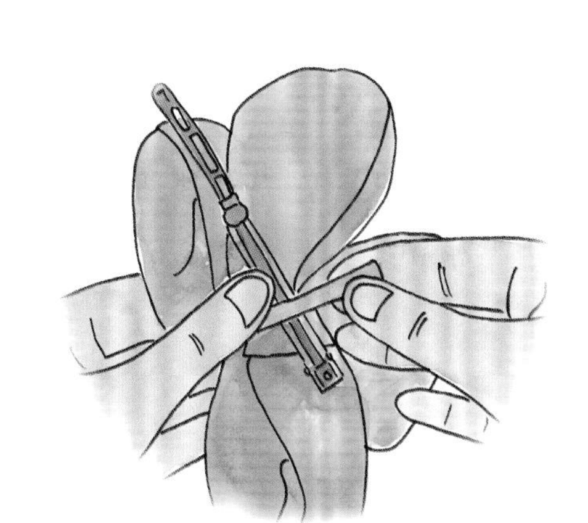

用缎带包裹塑料发箍

1. 剪下2根5cm长、10mm宽的缎带，封好末端。在发箍的两个端点处缠绕覆盖住两头。

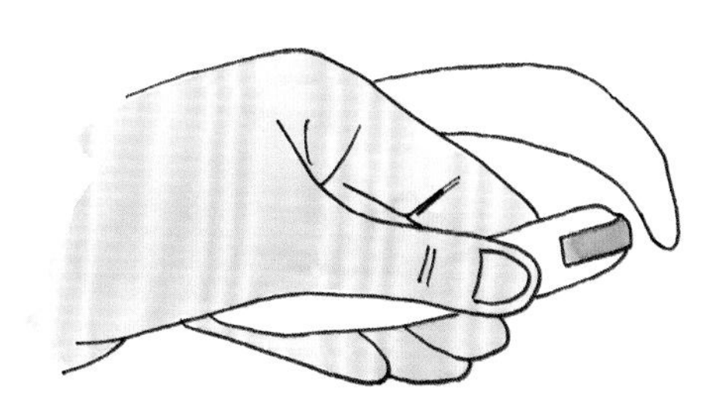

2. 根据发箍的厚度，剪下1.8~2.5m长、10mm宽的缎带，封好边。在靠近发箍的一个端点处，将缎带一端粘在发箍内侧，以一定的角度开始缠绕，稍微地与上一圈重叠。时不时地使用热熔胶将缎带的背面固定住，使缎带保持在一定的位置。继续缠绕直到缠到发箍的另一端。

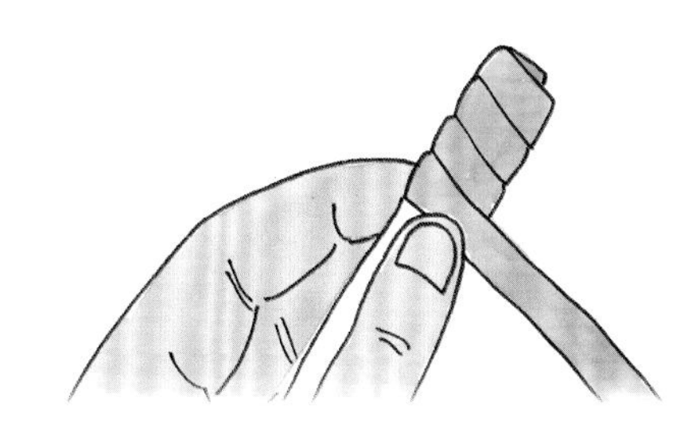

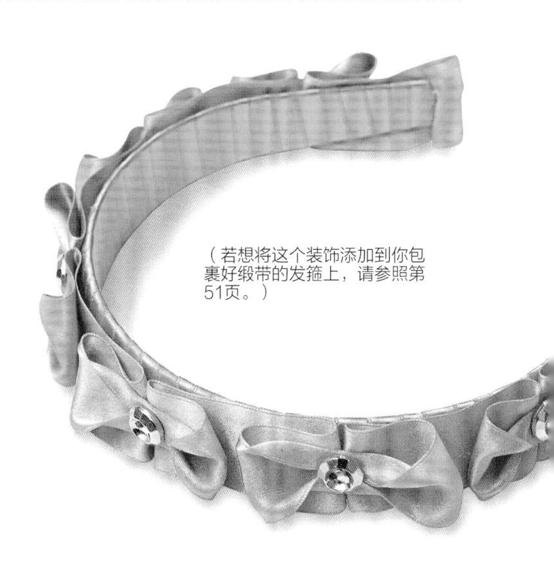

（若想将这个装饰添加到你包裹好缎带的发箍上，请参照第51页。）

五彩缤纷的缎带

选出你最爱的一款缎带，直接翻到相应页码学习制作方法吧。50余款设计将会让你学会如何给所有的衣服和手工艺品加上缎带结和缎带花饰。

22 串珠缎带手链　第58页

29 花匠结　第70页

5 卷卷蝴蝶结　第32页

16 星帽结　第48页

23 串珠缎带项链
第59页

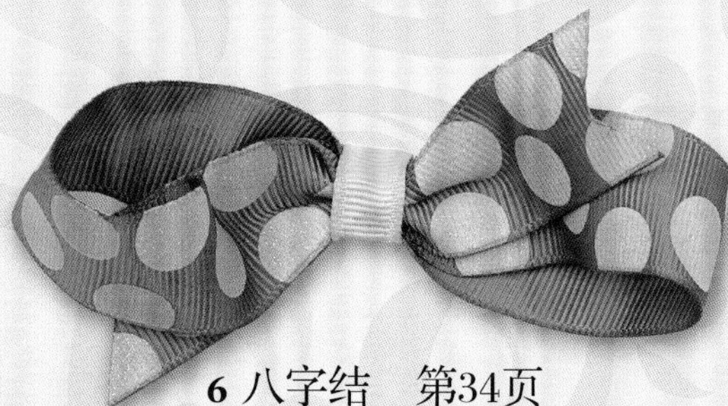

6 八字结　第34页

25 光辉结　第64页

39 抽褶玫瑰结 第89页

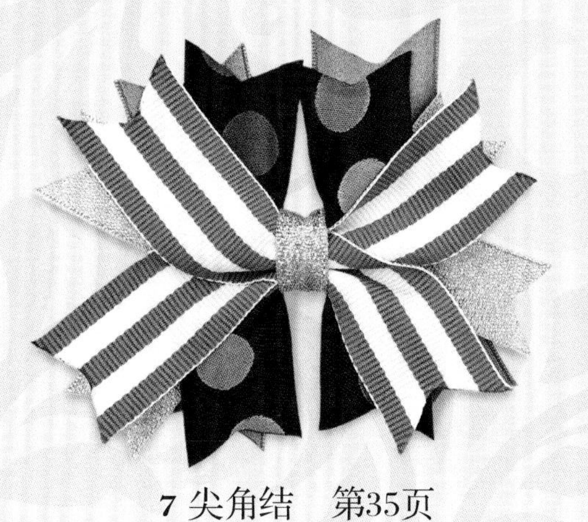

7 尖角结 第35页

50 牡丹结 第104页

8 绕环结 第36页

13 环形结 第44页

28 经典包装结 第68页

10 双褶结 第39页

45 大丽花结 第97页

52 船形叶结 第108页

12 双色精致曲结 第42页

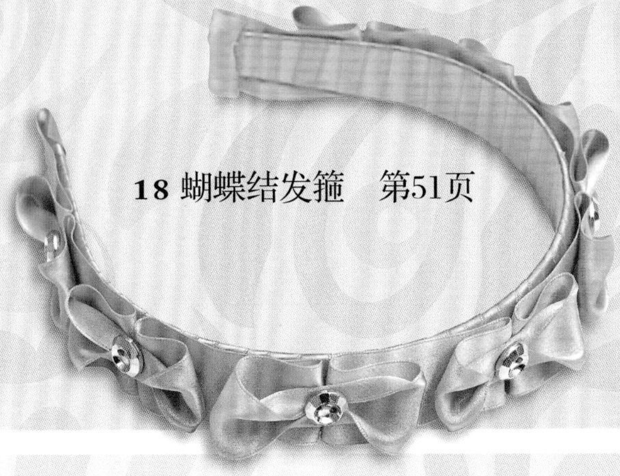

18 蝴蝶结发箍　第51页

48 报春花结　第100页

38 褶边玫瑰结　第88页

33 芬兰雪花结　第78页

42 康乃馨结　第92页

11 精致曲结　第40页

44 紫苑结　第96页

52 弯叶结　第109页

52 尖角叶结　第109页

27 双风车结　第66页

37 卷边玫瑰结　第86页

24 球形结　第62页

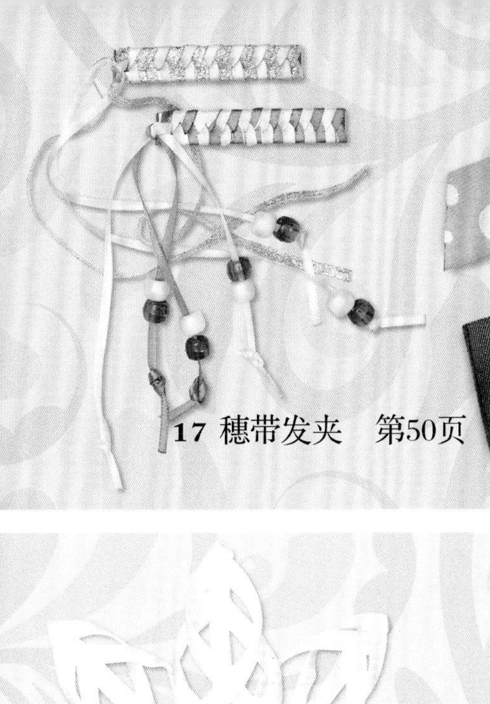

17 穗带发夹 第50页

2 双环结 第29页

3 燕尾服结 第30页

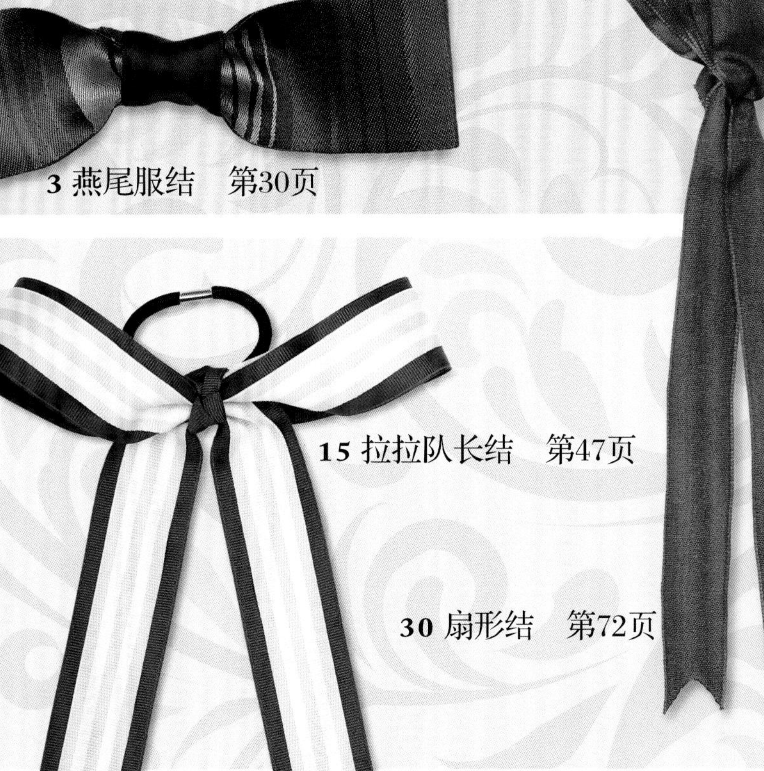

15 拉拉队长结 第47页

30 扇形结 第72页

34 格状雪花结 第80页

26 一字环形结 第65页

21 编织手链 第56页

19 穗带发箍 第52页

9 风车结 第38页

14 彩带结 第46页

31 双层包装结 第74页

36 菊花结 第85页

35 别致小花 第84页

40 百褶玫瑰结 第90页

43 复古玫瑰结 第94页

49 水仙花结 第102页

20 编织发箍　第54页

41 幽谷百合　第91页

32 长凳结　第76页

1 鞋带结　第28页

4 领带结　第31页

46 黄蜂结　第98页

47 瓢虫结　第99页

51 花枝结　第106页

LOURDES

第二章

时尚风格配饰

缎带蝴蝶结、发箍和饰品能为每一款时尚造型加分，孩子和女人都能佩戴。本章中你将会学习如何制作各种风格的可穿戴的缎带饰品。无论是初学者、进阶者还是高级手工艺者，都能够找到适合自己程度的作品。

1 鞋带结

有时，最简单的就是最好的。鞋带结系在皮筋之上，一整天都不会乱掉。

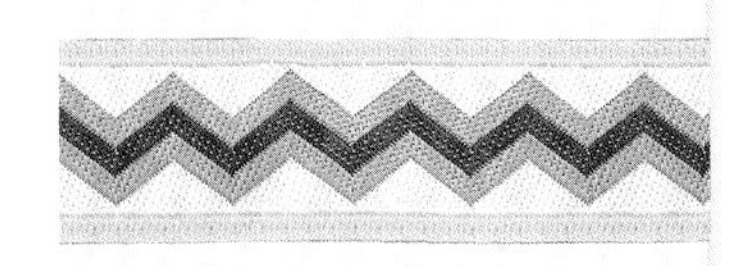

请准备好：

❖ 90cm长、22mm或25mm宽的双面缎带

❖ 剪刀

❖ 烙画笔、打火机或锁边液

❖ 皮筋

操作难度：初级 **结的尺寸：**不固定，取决于蝴蝶结两个环的长度

1. 以V剪或斜剪处理缎带的两端（见第16页），封好边。

2. 使用皮筋将女孩的头发扎成马尾辫，将缎带穿入一圈或多圈皮筋。

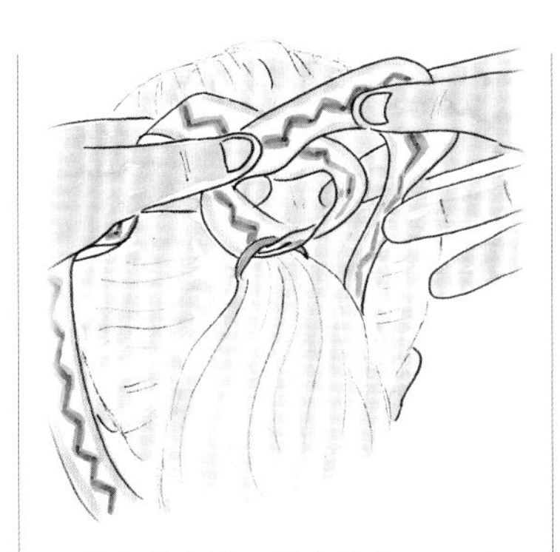

3. 将缎带左边压着右边交叉，系一个结。

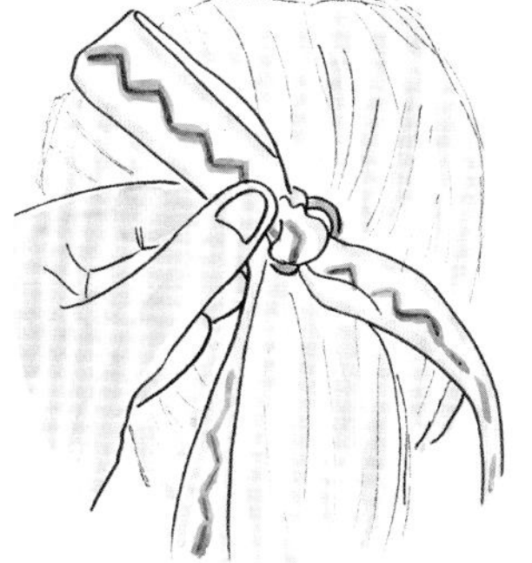

4. 系好的结左边应该在结的顶端，将左边弯成一个环。

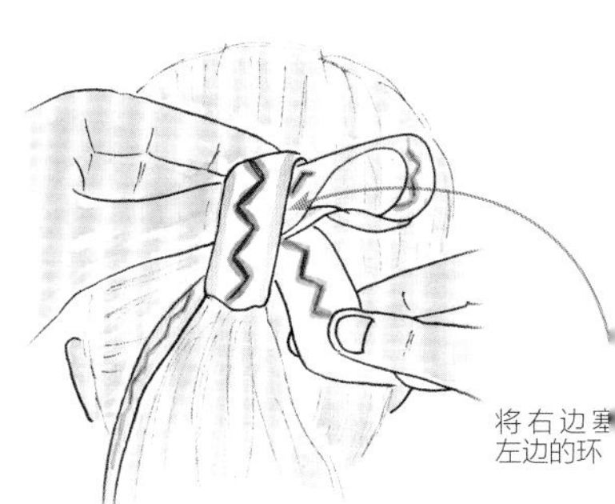

5. 一只手拿着这个环，将右边绕着环的前端然后再绕到后面，注意不要扭转缎带。

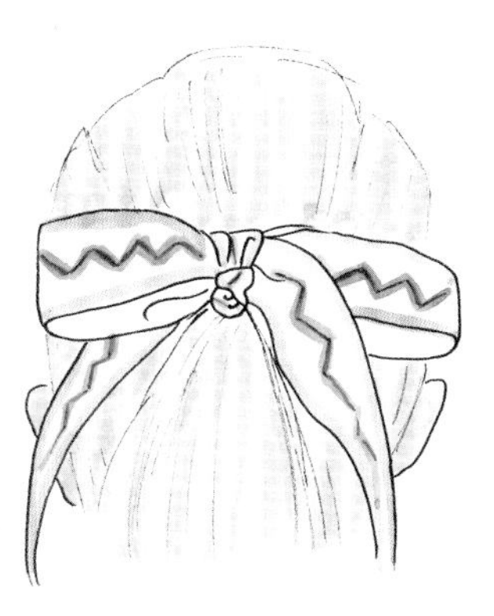

6. 用食指将缎带这边弯成环，并塞入左边的环中，然后轻轻地拉扯两个环使它们对称。

2 双环结

这种经典蝴蝶结无论出现在衬衫上还是在派对请柬上，看起来都十分漂亮，而且制作起来也非常简单！

操作难度：初级　　**结的尺寸**：不固定，取决于蝴蝶结两个环的长度

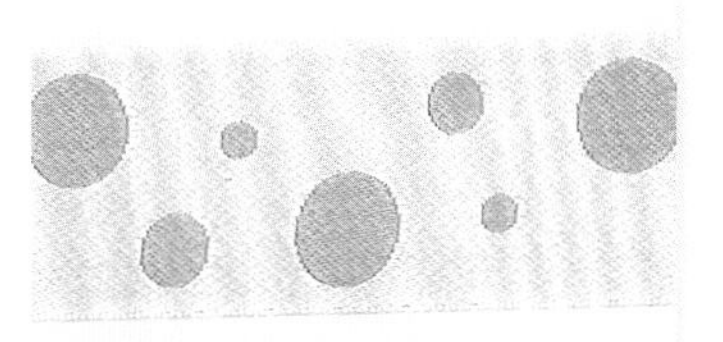

请准备好：

- ❖ 30cm长、10mm宽的缎带
-或-
- ❖ 38cm长、16mm宽的缎带
-或-
- ❖ 51cm长、22mm或25mm宽的缎带
- ❖ 剪刀
- ❖ 烙画笔、打火机或锁边液

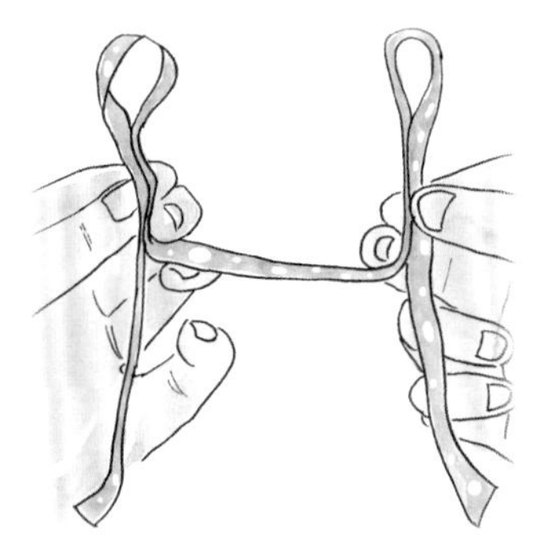

1. 将缎带对半折叠，用折痕标记中心。展开，在离中心标志相同距离处打两个环，两端尾部朝下。

2. 将左环折叠到右环的前面。

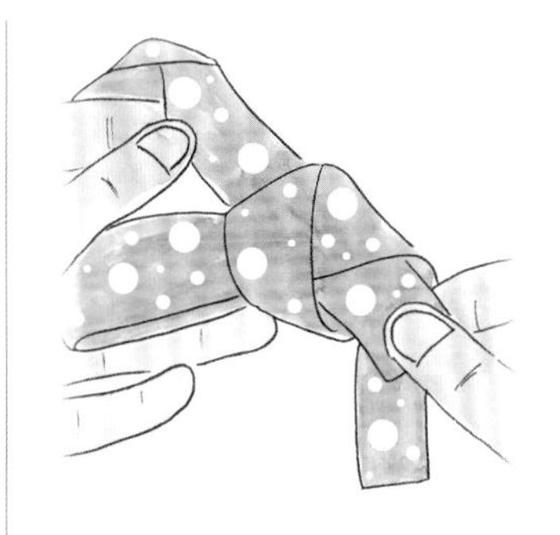

3. 将左环绕到后面，穿过两环交叉形成的圈。尾部朝向结的后面。

4. 将环向左右轻轻拉匀。

5. 尾部采用V剪或斜剪，封好边。尾部可能需要稍微地翻转使其正面朝外。调整环的大小，将其附着在发带或发夹上。

使用单面图案缎带

如果使用两面不一样的缎带，将中心结翻转一圈，这样右边就露出来了。尾部的其中一边可能需要轻微地翻折使其正面朝外。

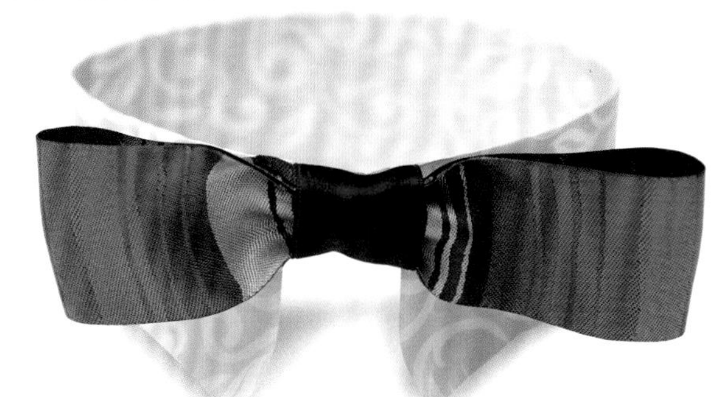

3 燕尾服结

无论是可爱甜美或是时髦潮流亦或是有一点古怪的风格，燕尾服结的多样性能满足各种年龄层人们的需求。

请准备好：

- ❖ 20cm长、22mm或25mm宽的缎带
  -或-
- ❖ 33cm长、38mm宽的缎带
- ❖ 5cm长、22mm宽的一致或相配颜色的缎带，用来做结的中心，尾部封好边
- ❖ 烙画笔、打火机或锁边液。
- ❖ 穿上丝光刺绣棉线的绳绒针，一端打结
- ❖ 剪刀
- ❖ 热熔胶枪和胶棒
- ❖ 发夹或发带

操作难度：初级　**结的尺寸**：7cm或12.5cm，取决于使用的缎带的宽窄

1. 将缎带的两边封好。将缎带对半折叠，用折痕标记中心。展开。

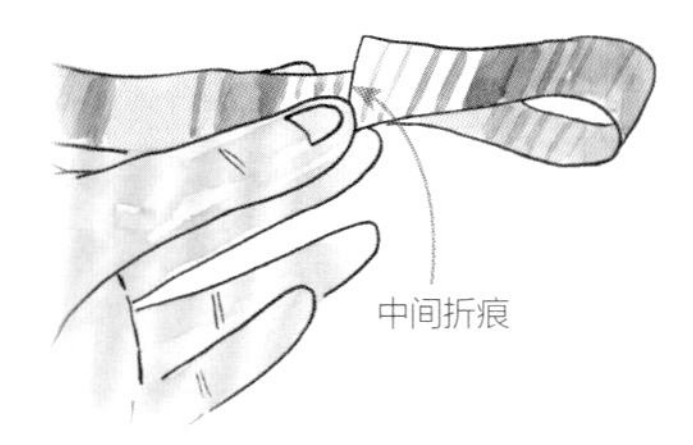

2. 如果缎带只有单面有图案，将有图案的一面朝下。折叠一边，如果使用较窄的缎带，使这一边的尾部大约有12mm在中间折痕的另一边，如果使用较宽的缎带，则使这一边的尾部大约有2.5cm在中间折痕的另一边。

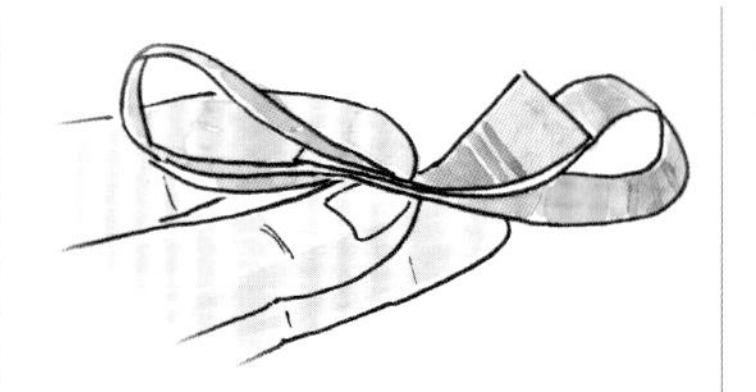

3. 另外一边也如法炮制。

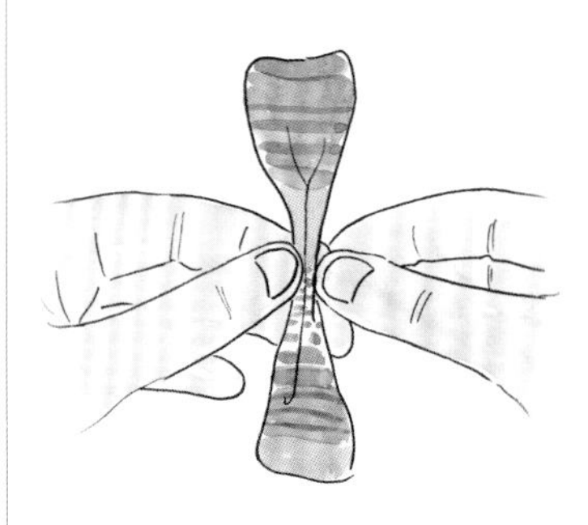

4. 向内将中心捏紧，在中间弄出一个折痕。

5. 用针线穿过中心缠绕2到3次，在后面打结。粘好结的中心，参考第19页安装上你选择的发夹或发带。

4 领结

经典的领结，使用提花缎带和绸缎制作会更好看。将其夹在衬衫上可以快速地达到装饰效果！

操作难度：初级　**结的尺寸：**12.5cm

1. 将缎带的尾端封好边。

2. 在较短的缎带上大约2.5cm处做个标记，离第一个标记12.5cm处再做一个标记，再在离第二个标记12.5cm处做一个标记。在较长的缎带上大约2.5cm的点上做个标记，离第一个标记15cm处再做一个标记，再在离第二个标记15cm处做一个标记。

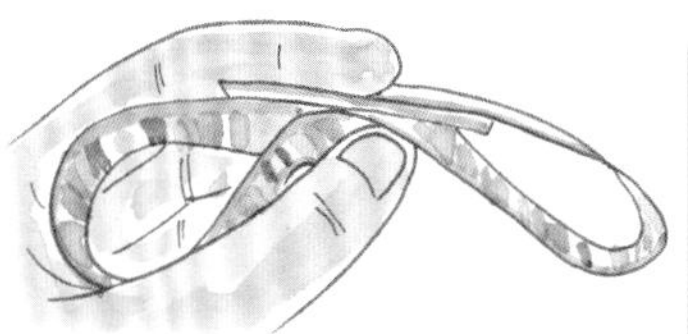

3. 将缎带有图案的一面朝下，将较短缎带的左边绕到后面，使第一个标记和第二个标记重合。缎带右边也如法炮制，使第二个标记和第三个标记重合。用夹子夹住固定。

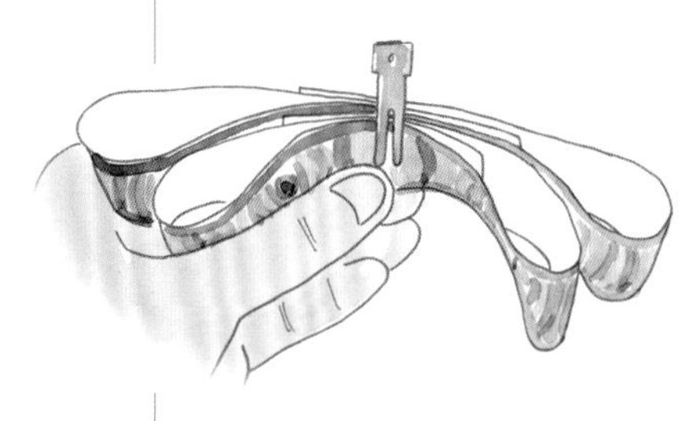

4. 较长的一条缎带也如法炮制，与第一根缎带夹在一起。

5. 从结的后侧入针，将线穿过。如17页所示将中心折成扇形，用线缠紧，在后部系牢。

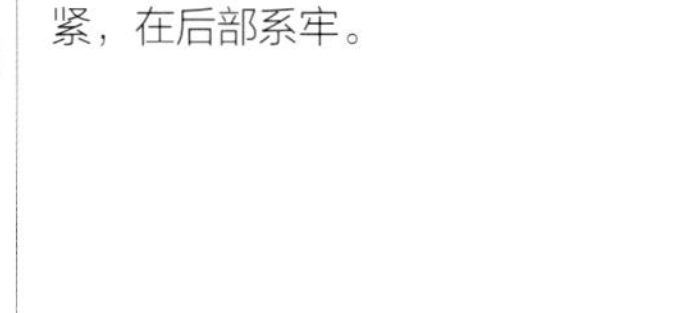

6. 将8cm长的缎带对半折叠，找到中心。将其正面朝上粘在结正面的中心点处，并在背面将两端粘紧。按照安装法式发夹的方法，将鳄鱼夹粘在背面（参考第19页）。

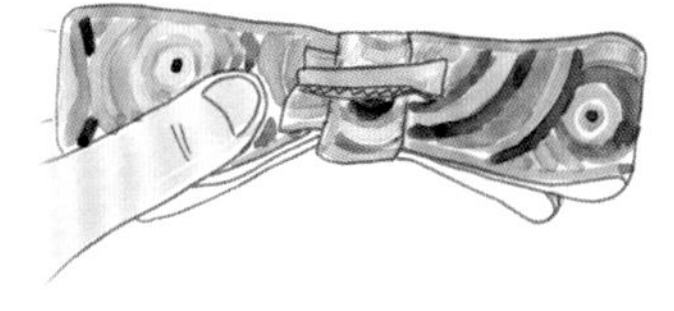

请准备好：

- ❖ 一根30cm长和一根36cm长、38mm宽的提花缎带或绸缎
- ❖ 8cm长、22mm或25mm宽花色相匹配的提花缎带或绸缎
- ❖ 烙画笔、打火机或锁边液。
- ❖ 气消笔或水溶性马克笔
- ❖ 鸭嘴夹
- ❖ 穿上丝光刺绣棉线的绳绒针，一端打结
- ❖ 剪刀
- ❖ 热熔胶枪和胶棒
- ❖ 44mm长的齿状鳄鱼夹

5 卷卷蝴蝶结

尽管这款卷卷蝴蝶结容易制作，但它比其他款式要花费更多时间，用到更多缎带，因此为了方便以后的制作，应一次烘烤比所需的量更多的缎带。

操作难度：初级　**结的尺寸**：7~10cm

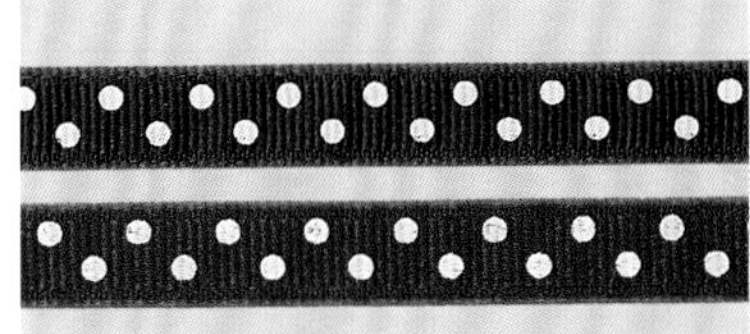

请准备好：

- 1.8~2.7m长不同颜色，10mm或6mm宽的成卷的涤纶罗缎或涤纶绸缎（烘烤时天然纤维不会卷曲）
- 烤箱
- 6个木质衣夹
- 3根46cm长，直径8mm或6mm的圆木棒。
- 剪刀
- 烤盘
- 铝箔
- 烙画笔
- 平板玻璃
- 气消笔或水溶性马克笔
- 穿上丝光刺绣棉线的绳绒针，一端打结
- 热熔胶枪和胶棒
- 划线板或大型直尺板
- 50mm或60mm长的法式发夹
- 定型喷雾或上浆剂

1. 将烤箱预热到135℃。

2. 从缎带卷轴上取下缎带，先不要剪断。用一个木制衣夹将缎带的一端夹在木棒上。用缎带以轻微的角度缠绕住木棒，保持缎带整齐平整。用另一个衣夹将另外一边夹住，将缎带从线轴上剪下。

3. 剩下的木棒也以此步骤进行。

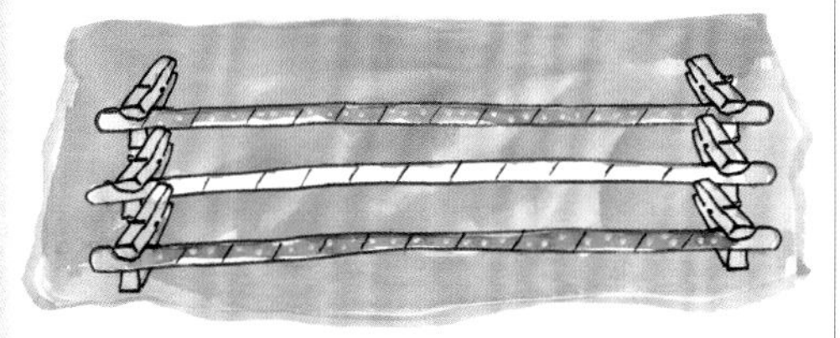

4. 将铝箔纸放在烤盘上，再放上缠好缎带的木棒。如果需要的话，木棒可以重叠放置，但是要把相同颜色的放在一起，因为深颜色的缎带可能会使浅颜色的缎带染色。

5. 将烤盘放入烤箱，烘烤18~22min。颜色较浅的缎带比颜色深的缎带需要花费更长时间才能定型。从木棒上小心地取下缎带前，需将它们冷却。

6. 将缎带剪成18根8cm长的缎带条。要想更高效地完成，可以使用烙画笔，如第14页里描述的一样在玻璃上操作，裁剪的同时封好每条缎带的边。

更多想法

要想制作一个更丰满的蝴蝶结，需将缎带缠绕在5~6个木棒上，将缎带剪成30根8cm长的缎带条。

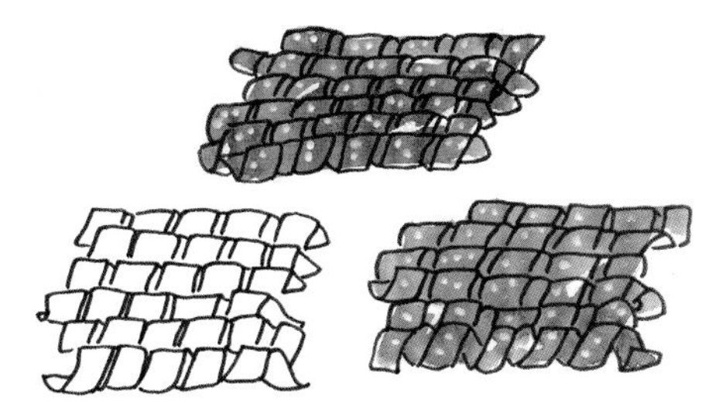

7. 如果使用多种颜色的缎带，要将处理过的部分按颜色进行分组，以便组装。

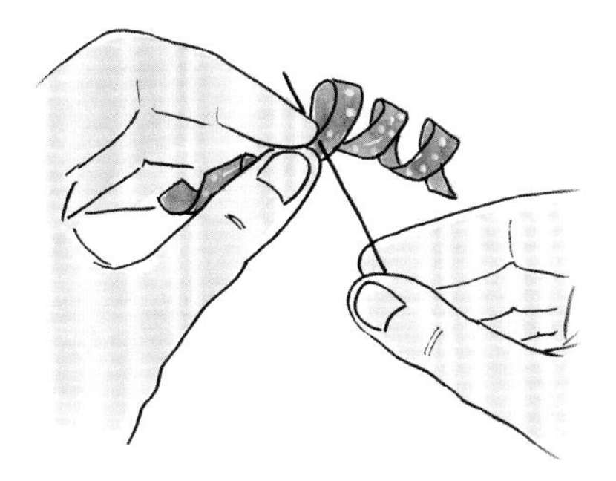

8. 将穿了线的针穿过第一个处理过的缎带条的中心，尽可能地接近中心位置。

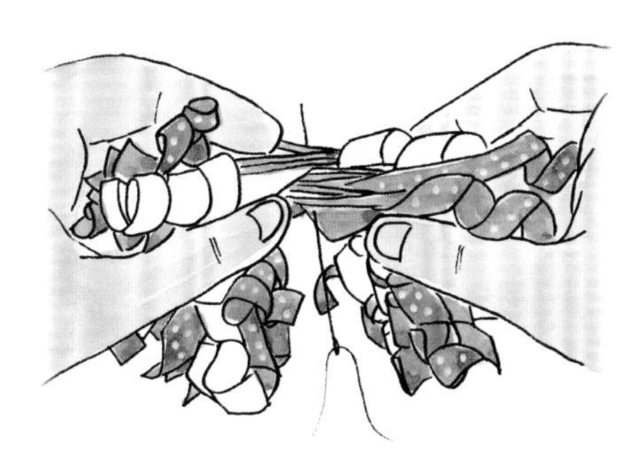

9. 将剩余的缎带用针一层层地叠加在第一根缎带条上。

10. 将线在蝴蝶结中心绕几圈，在缝制过程中要小心，不要缠住任何缎带条的尾端。打个结固定，先不要剪断线。

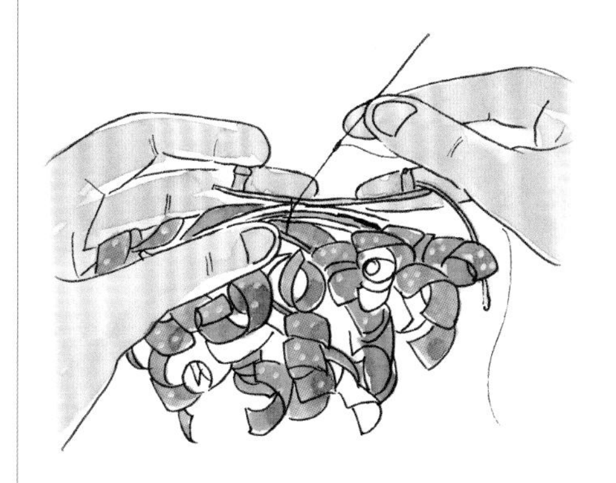

11. 取下法式发夹的中心条（见第19页）。使用热熔胶将发夹直接固定在蝴蝶结的底部。沿着发夹和蝴蝶结的中心缠绕线，打结固定，剪断线。

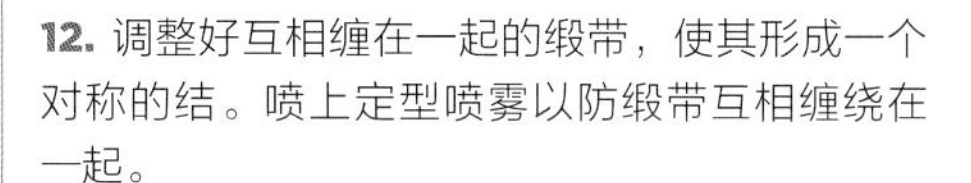

12. 调整好互相缠在一起的缎带，使其形成一个对称的结。喷上定型喷雾以防缎带互相缠绕在一起。

- ❖ 请准备好23cm长、16mm宽的罗缎、绸缎或透明缎带
  -或-
- ❖ 36cm长、22mm宽的罗缎、绸缎或透明缎带
- ❖ 8cm长、10mm宽的同色系缎带，用来制作中心部分
- ❖ 鸭嘴夹
- ❖ 穿上丝光刺绣棉线的绳绒针，一端打结
- ❖ 剪刀
- ❖ 烙画笔、打火机或锁边液
- ❖ 热熔胶枪和胶棒
- ❖ 发夹或发带

6 八字结

样式可爱、简单易做，这个蝴蝶结和其他八字结叠在一起时更加好看。

操作难度：初级　**结的尺寸：**5cm或9cm,取决于所用缎带的宽度。

1. 将缎带对半折叠，用折痕标记中心，展开。

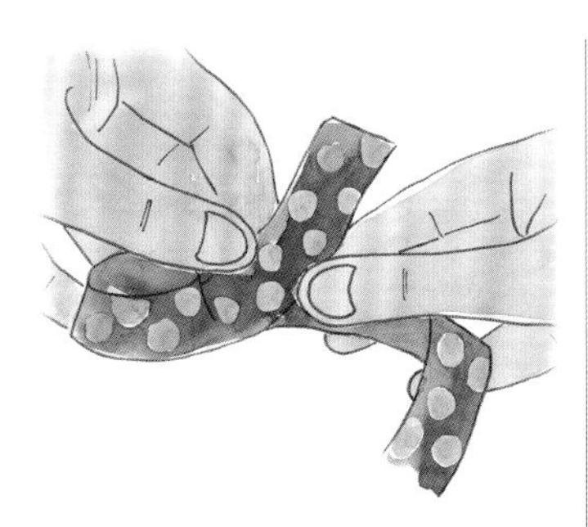

2. 如果缎带只有单面有图案，将有图案的一面朝下放置。右手靠近缎带中心，左手靠近左端，将左边缎带在中心折痕处打一个环，缎带末端朝上，大约离中心2.5cm。

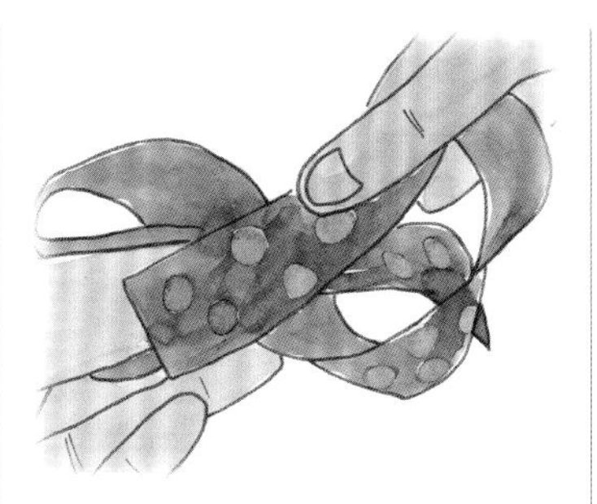

3. 左手拿着左环，将右边缎带在中心折痕处打一个环，缎带末端朝下，大约离中心2.5cm。

4. 调整好环的形状，确保它们是平整的。用鸭嘴夹固定。

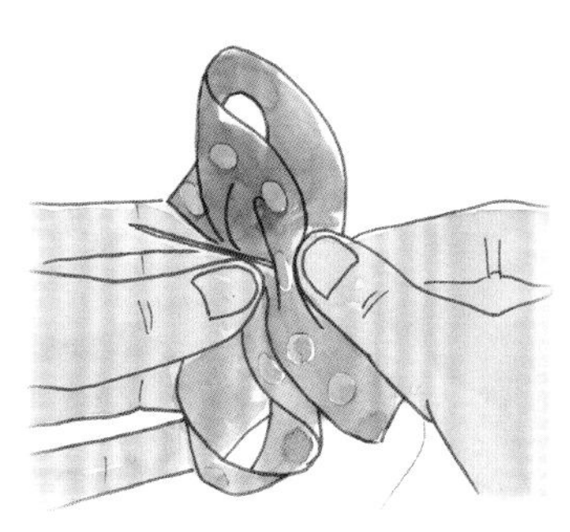

5. 从背面入针，从中心穿过，将线绕到后面。将中心捏紧，在中间做出折痕。

6. 用线缠绕中心，在背面打结。尾部采用V剪处理，封好边。将中心的结粘上，再安装上你选择的配件（见第18页）。

双层结

制作2个不同大小的结。将小结堆叠在大结上，用针穿过两个结的中间部分将其缝合。沿着中心缠绕线，在背后打结。在新的双层结上加一个中心结，完成。

7 尖角结

这款充满节日气息的结，无论是单独使用还是和本书中的其他结搭配在一起，都十分漂亮。

操作难度：初级　**结的尺寸：**9~10cm

1. 每根10cm长的缎带的尾端采用V剪处理，封好边。

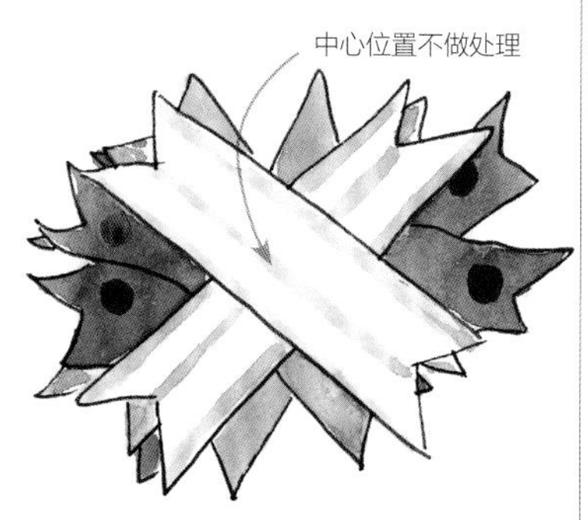

2. 将2根一样长的缎带放在桌上摆成扁“x”形。继续将其他的缎带一个个地以“x”形往上叠加，确保每层都可见。在顶部中心和底部中心留出空间，以便接下来的步骤中可以用线缠绕结。

3. 小心地拿起堆放的缎带，不要弄乱。

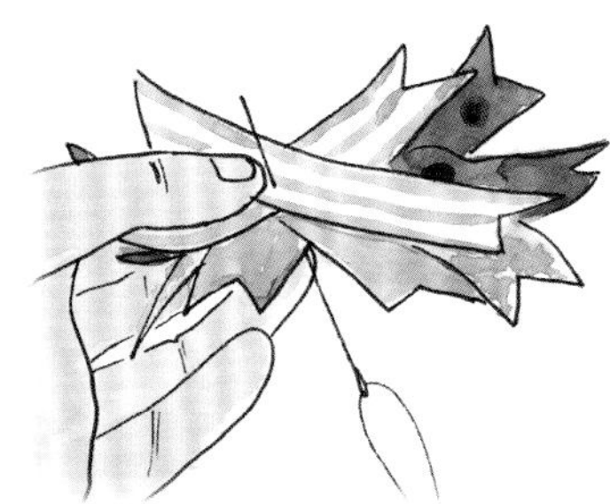

4. 将穿了线的针从后部穿过堆积的缎带的中心。

5. 将线缠绕到后部。参考第17页小心地将中心折成扇形褶皱，用线缠绕，在后部打结。

6. 用缠绕法粘好中心的缎带，并参考第19页安装上选择好的夹子。调整尖角，修剪太长的部分并重新封边。

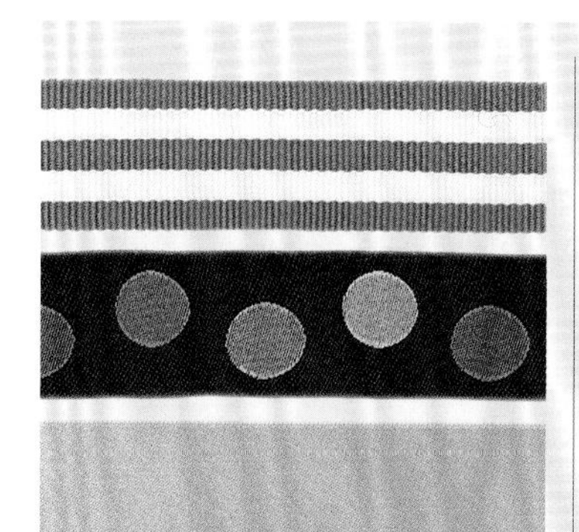

请准备好：

- ❖ 8根10cm长、22mm宽的缎带，2组4种互相搭配的颜色
- ❖ 10cm长、10mm宽颜色相配的缎带，用来制作中心部分
- ❖ 烙画笔、打火机或锁边液
- ❖ 穿上丝光刺绣棉线的绳绒针，一端打结
- ❖ 剪刀
- ❖ 热熔胶枪和胶棒
- ❖ 夹子

8 绕环结

绕环结可以由仅有一面有图案的缎带或双面缎带制作。可以先使用单面缎带进行尝试，直到掌握其技巧为止。当把小结放到大结里时，这个结看起来会非常漂亮。

请准备好：

❖ 2根30cm长、22mm宽的罗缎或绸缎
-或-
❖ 2根38cm长、38mm宽的罗缎或绸缎

❖ 10cm长、10mm宽的同色系缎带，用来制作中心部分

❖ 气消笔或水溶性马克笔

❖ 2个鸭嘴夹

❖ 剪刀

❖ 烙画笔、打火机或锁边液

❖ 穿上丝光刺绣棉线的绳绒针，一端打结

❖ 热熔胶枪和胶棒

❖ 发夹或发带

操作难度：中级　**结的尺寸：**8cm或11cm，取决于使用的缎带宽度

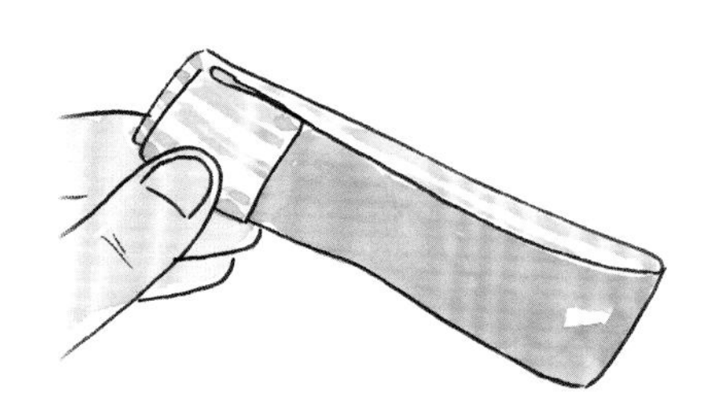

1. 将一根缎带的两端都向下折叠约2.5cm，然后将缎带对半折叠。若需要可标记出折痕。

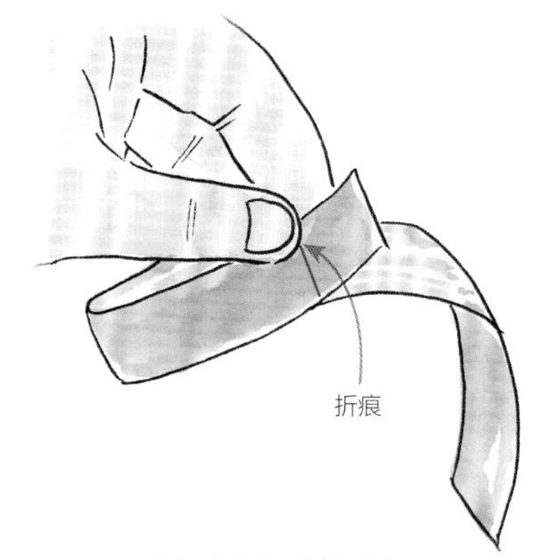

2. 使左边的折痕与中间折痕处重合。

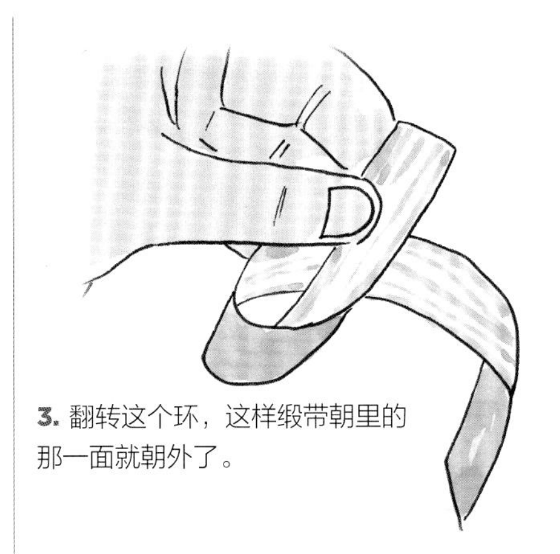

3. 翻转这个环，这样缎带朝里的那一面就朝外了。

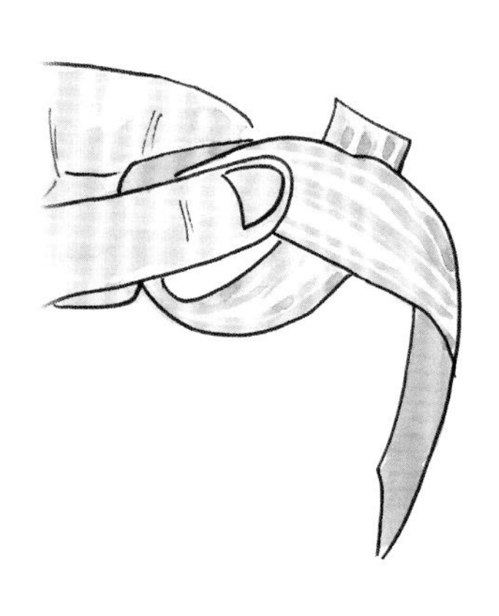

4. 将缎带的末端放到后面，留出一点悬垂部分。

5. 右边缎带也如法炮制，用夹子固定。

6. 第2根缎带按照步骤1~5重复操作。

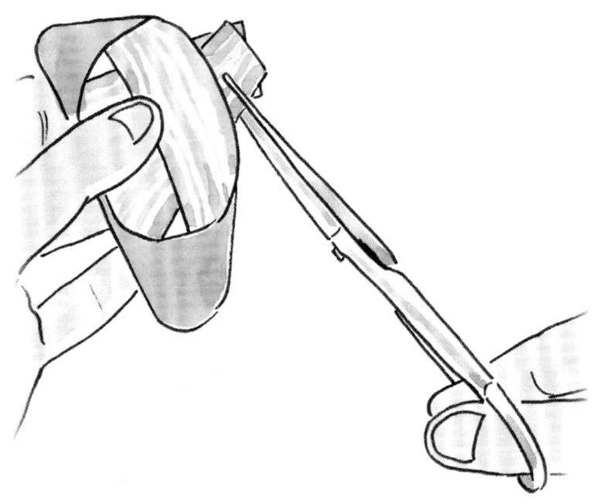

7. 修剪悬垂的缎带两边并封好边。

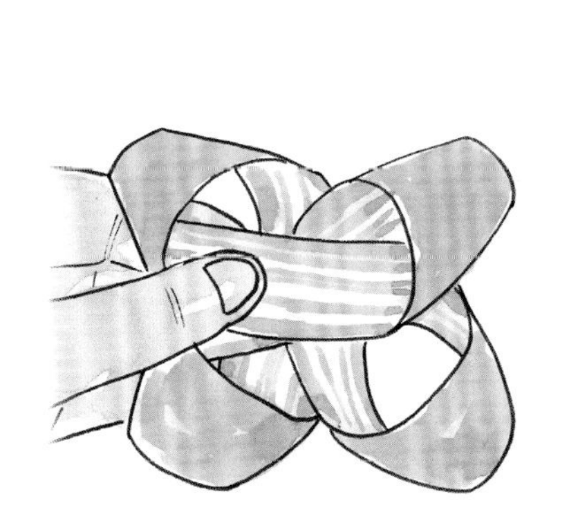

8. 将两个做好的结重叠在一起，使结的中心水平对齐。

9. 将穿了线的针从背面穿过结的中心并绕过顶端进行缝合。小心地将中心捏成扇状褶皱（见第17页），将线紧紧地绕着中心缠绕几次，在后部打结。用缠绕法或打结法处理结的中心并粘在合适的位置，安装上你选择的发夹或发带（见第18~19页）。

9 风车结

这款平面式蝴蝶结可以制成两种尺寸，因此风车结在少女和年纪大一些的女孩中都能很受喜爱。使用较宽的缎带制作会有点难度，所以要先从较窄的缎带入手练习。

操作难度：中级　**结的尺寸**：8cm或11cm，取决于使用的缎带宽度

1. 图案（若有）正面朝上，若使用较窄缎带，在离缎带左端4cm处做一个标记，在离第一个标记9cm处再做一个标记。如果使用较宽缎带，在离缎带左端5cm处做一个标记，在离第1个标记12.5cm处再做1个标记。

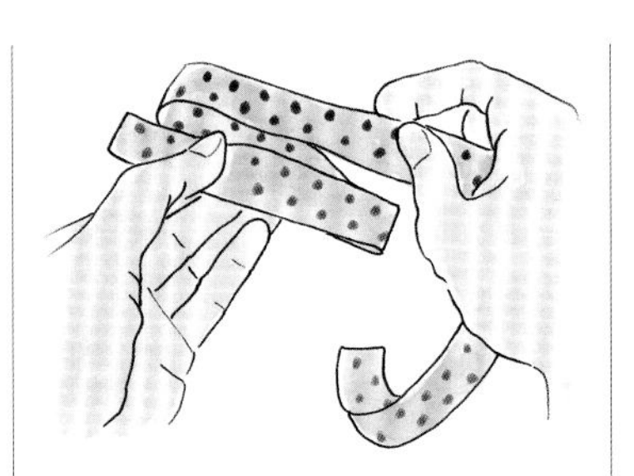

2. 将缎带折成“Z”字形，缎带左端指向左，以稍微向上的角度在步骤1所做的第2个标记处通过折叠将右边绕到缎带后面，在第1个标记处停下。重复操作将缎带绕到前面。

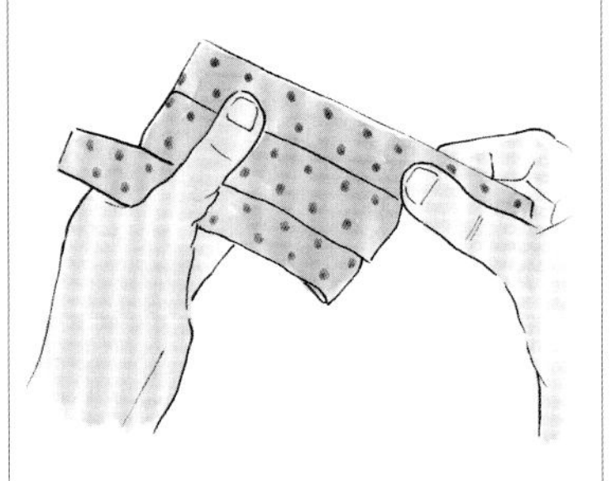

3. 重复操作直到第3层“Z”出现，两端尾部分别位于左下角和右上角。

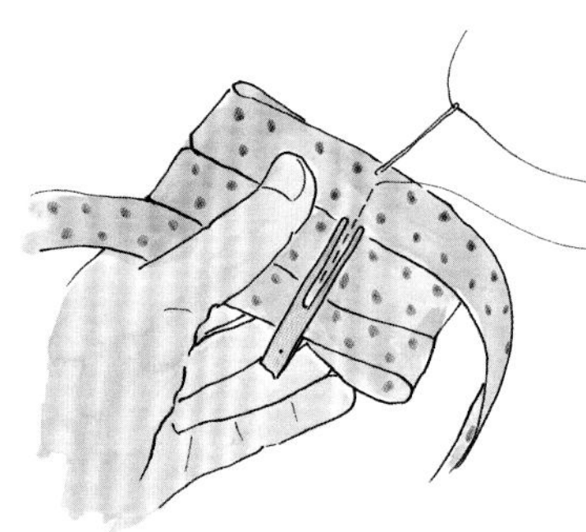

4. 通过对半折叠找到中心，然后再打开。在中心处使用1个或2个分叉的鸭嘴夹固定住折叠部分。从后面垂直穿过结的中心缝几针平伏针。抽紧线将中心收紧。

5. 将线围着结的中心缠绕，在背面打结。修剪末端，采用V剪或斜剪，封好边。粘上打了结的中心部分，安装上你选择的发夹或发带（见第18页）。如果你使用水溶性马克笔，可以用水将记号抹去。

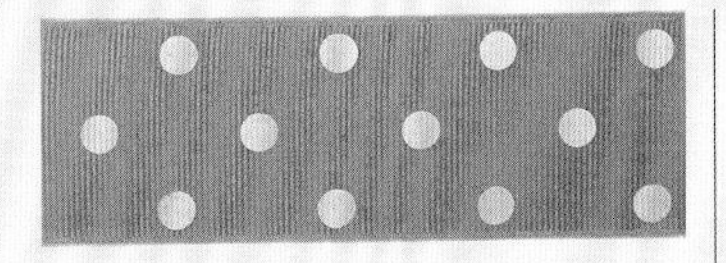

请准备好：

- ❖ 57cm长、22mm宽的罗缎或绸缎
-或-
- ❖ 76cm长、38mm宽的罗缎或绸缎
- ❖ 10cm长、10mm宽的同色系或相配的缎带，用来制作中心部分
- ❖ 气消笔或水溶性马克笔
- ❖ 2个分叉的鸭嘴夹
- ❖ 穿上丝光刺绣棉线的绳绒针，一端打结
- ❖ 剪刀
- ❖ 烙画笔、打火机或锁边液
- ❖ 热熔胶枪和胶棒
- ❖ 发夹或发带

10 双褶结

这款结饰美感惊人——你会想用每种颜色都制作一个！

操作难度：中级　**结的尺寸：**8cm或10cm，取决于使用的缎带宽度

1. 将立体部分的双褶缎带的一端封好边。

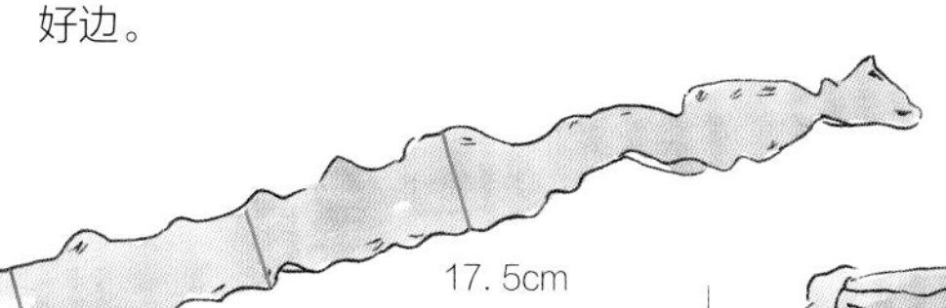

2. 如果使用较窄的缎带，在正面画出3个标记，离左边的距离分别为2.5cm、10cm、17.5cm。如果使用较宽的缎带，3个标记离左边的距离分别为：2.5cm、14cm、25cm。

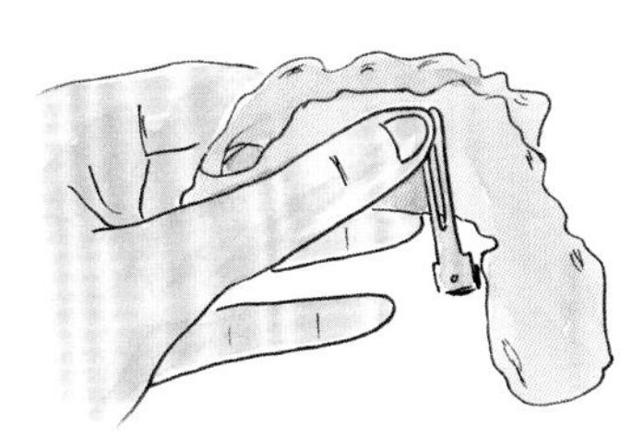

3. 将左边缎带绕到背面，使第1个标记与第2个标记重合。用鸭嘴夹固定。

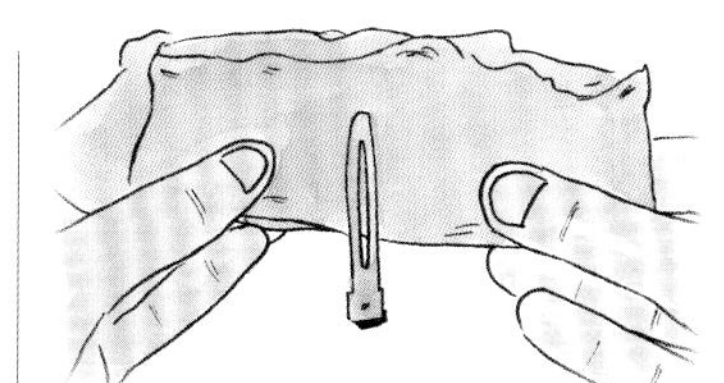

4. 将右边缎带绕到背面，使第3个标记与前2个标记在同一条线上。用鸭嘴夹固定。

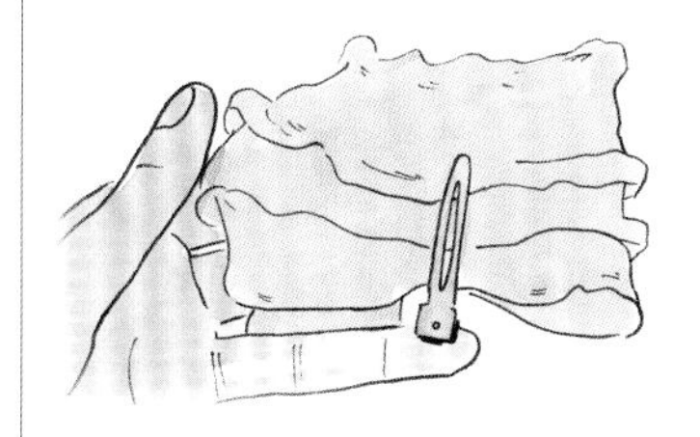

5. 将缎带向前折叠，与第1个环的大小相匹配，并用夹子固定。这样左边有2个环，右边有1个环。继续以同样方法再折叠3次，这样两边都有3个环。用夹子固定。

6. 穿好线的针从背面穿过结的中心进行缝合，再回到顶部。参考第17页，小心地将中心捏成扇状褶皱。将线绕着中心缠绕多次，在后部打结。调整环的位置并进行修剪，最后封好末端。

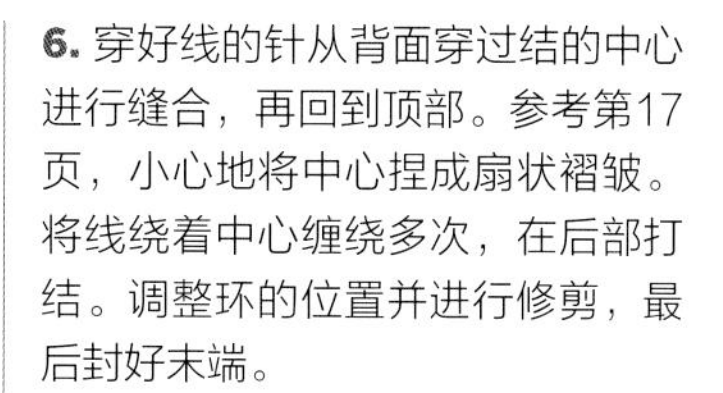

7. 如第19页描述的那样，粘上打了结的中心部分并安装上你选择的发夹或发带。如果你使用水溶性马克笔，用水将记号抹去。

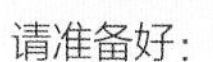

请准备好：

- ❖ 60cm长、22mm宽的双褶缎带
-或-
- ❖ 0.9m长、38mm宽的双褶缎带
- ❖ 窄缎带选择10cm长、22cm宽的缎的双褶缎带，宽缎带选择12.5cm长的双褶缎带，在中间折叠并打结，用来制作中间部分
- ❖ 烙画笔、打火机或锁边液
- ❖ 气消笔或水溶性马克笔
- ❖ 鸭嘴夹
- ❖ 穿上丝光刺绣棉线的绳绒针，一端打结
- ❖ 剪刀
- ❖ 热熔胶枪和胶棒
- ❖ 发夹或发带

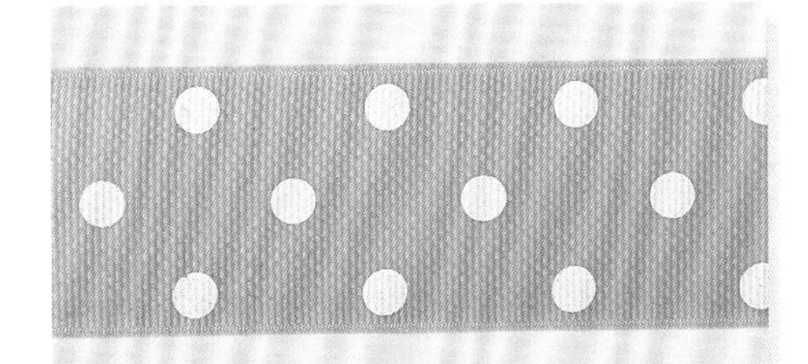

请准备好：

❖ 罗缎和绸缎，数量基于以下表格：

结的类型	缎带宽度	缎带长度
迷你结5cm	10mm	41cm
小结6cm	16mm	46cm
中结8cm	22mm	56~61cm
大结11cm	38mm	76~81cm

❖ 10cm长、10mm宽同色系缎带，按需要打结来制作中间部分

❖ 烙画笔、打火机或锁边液

❖ 气消笔或水溶性马克笔

❖ 鸭嘴夹

❖ 穿上丝光刺绣棉线的绳绒针，一端打结

❖ 剪刀

❖ 热熔胶枪和胶棒

❖ 发夹或发带

❖ 定型喷雾

11 精致曲结

这款精致曲结是最难学的结之一。但就像骑自行车一样，经过几次尝试之后，就不会忘记它的制作方法。从一根中等宽度单面图案的罗缎开始练习，在掌握了单面图案缎带的制作技巧后，可以尝试用双面缎带制作迷你结或大结。

操作难度：中级到高级　**结的尺寸：**5~11cm取决于使用的缎带宽度

1. 将缎带的两端封好边。

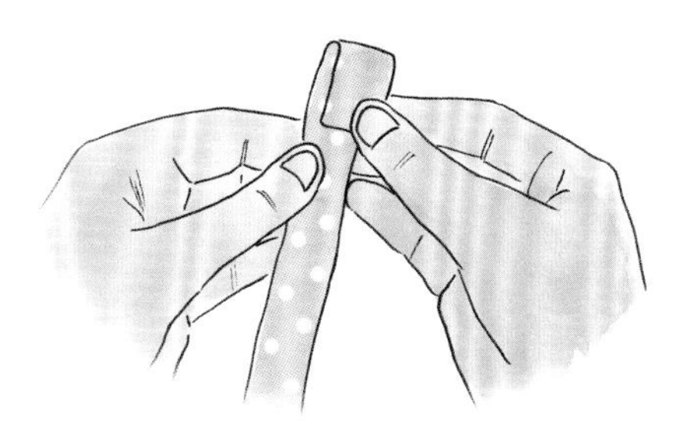

2. 将缎带的两端向后翻折约3~4cm。这些是结的尾部，完成时看不太出来。在缎带的反面用笔标记折痕。

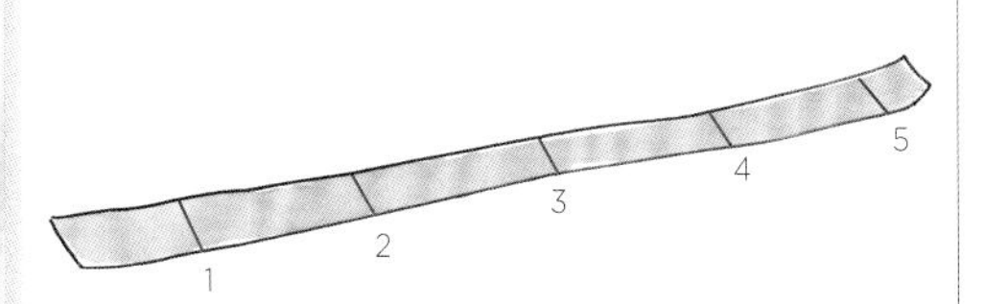

3. 将折叠好的末端固定住，将缎带对半折叠找到中心并标记。两端再分别向中心折叠，标记折痕。打开缎带时，你会发现有5个折痕，如此处标记的1~5。

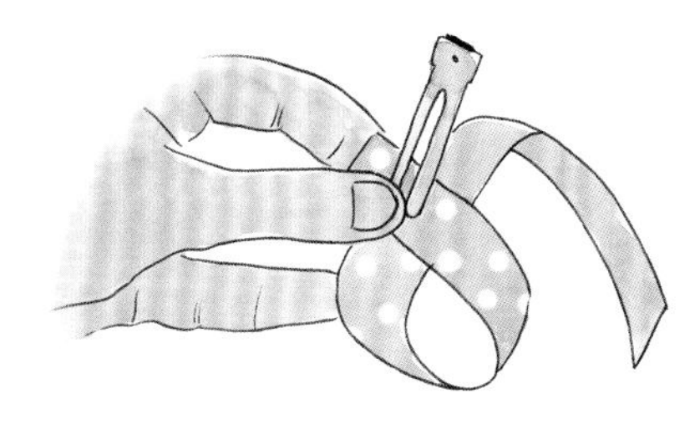

4. 确保有图案那面朝下。将左边打一个环，与标记2重合。并使其与第一个折痕处在同一条线上，使尾部悬垂在顶部。用夹子固定在合适的位置。环1就做好了。

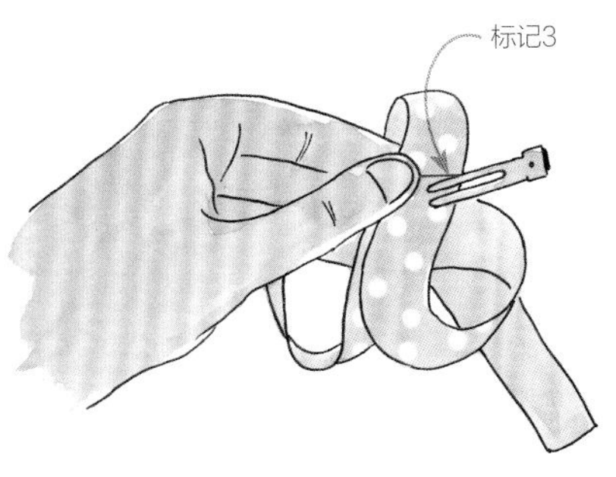

5. 另一边也如法炮制，将标记3向中心移动。标记3稍稍位于标记1上方，用夹子固定。

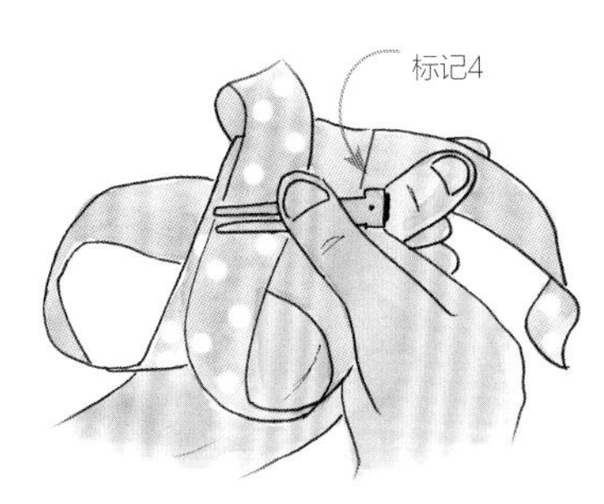

6. 第3个环是最难的！折叠缎带但不要扭转。将标记4移到中心处附近，位于下方的两个环之后。将其与中心对齐时，确保无图案面朝着自己——有图案面应该在结的外部。这样环3就做好了。

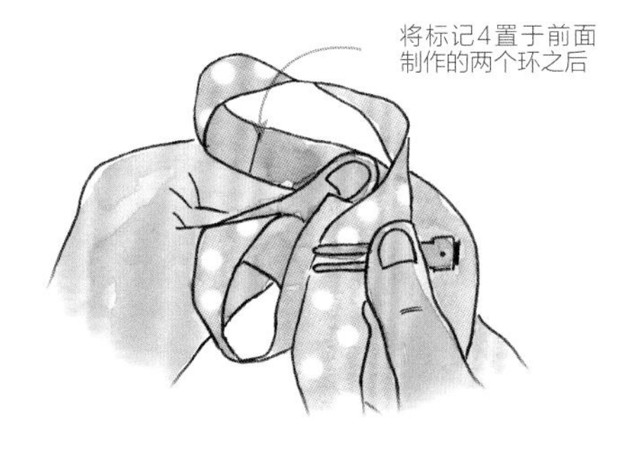

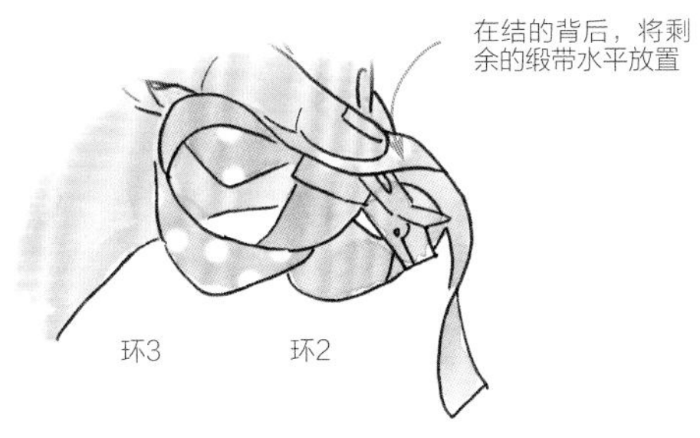

7. 将环3与之前的2个环拿在一起，确保悬垂的缎带水平与环1和环2背面部分的缎带保持水平，并压在其上方。

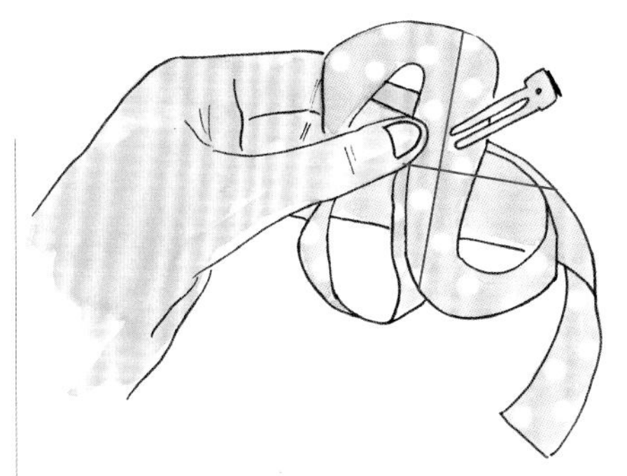

8. 将3个环夹在一起。确保其状态如图示一样，结的中心呈十字形。若不是十字形，则对环进行调整。每次制作这个结时都需要调整。此外，确保留有足够长的缎带制作最后一个环，如果不够，需调整环的大小。

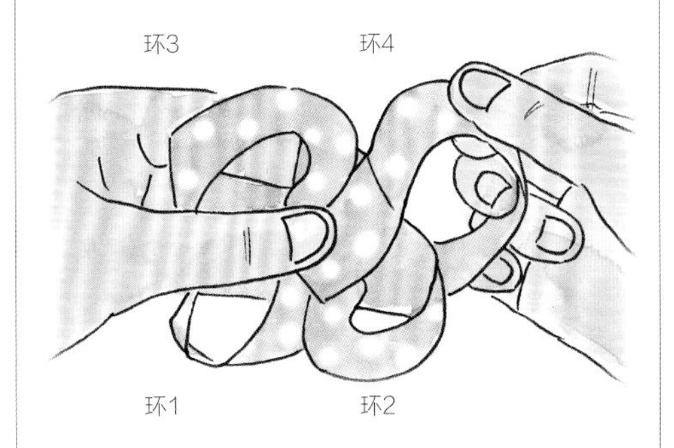

9. 第4个环，对半折叠缎带，但不要扭转。将标记5放置在结的中心的上方，同时向下方调整尾部的角度。如果尾部角度不对，环4看上去是平的。用夹子夹住中心并调整所有的环。

10. 一只手紧紧地拿着结，用穿了线的针从背面穿过结的中心进行缝合。将线穿到背面在绕回顶部，参考第17页，小心地将中心捏成扇状褶皱。将线围着中心缠绕，在后部打结。

11. 如第19页描述的那样，粘上打了结的中间部分并安装上选择好的发夹或发带。如果使用水溶性马克笔，用水将记号抹去。调整环，并用定型喷雾定型。

12 双色精致曲结

双色款的精致曲结更加有趣，在制作过程中，可以学到一种新的方法制作精致曲结。

操作难度：中级到高级　**结的尺寸**：5~11cm取决于使用的缎带宽度

请准备好：

❖ 两种不同颜色的罗缎和绸缎的数量基于以下表格：

结的类型	缎带宽度	缎带长度
迷你结5cm	10mm	18cm
小结6cm	16mm	22cm
中结8cm	22mm	27cm
大结11cm	38mm	37cm

❖ 10cm长、10mm宽同色系缎带，按需要打结来制作中间部分

❖ 烙画笔、打火机或锁边液

❖ 空消笔或水溶性马克笔

❖ 热熔胶枪和胶棒

❖ 鸭嘴夹

❖ 穿上丝光刺绣棉线的绳绒针，一端打结

❖ 剪刀

❖ 发夹或发带

❖ 定型喷雾

1. 将两条缎带的两端封好边。

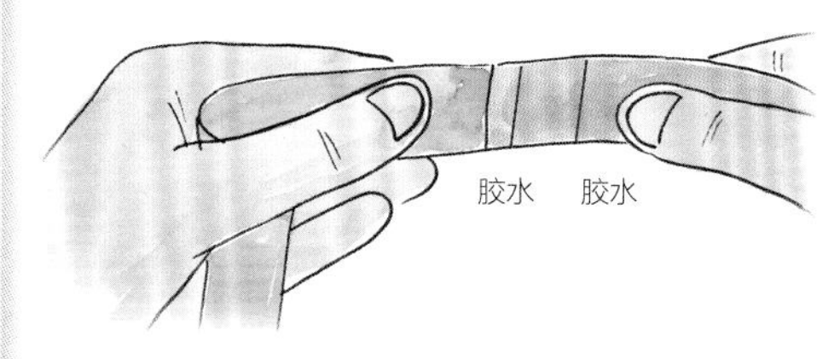

2. 在两条缎带边缘的1cm处各做一个标记，将两条缎带叠在一起，一条缎带的边缘与另一条缎带的标记重叠。将重叠的部分两端涂上细细的胶水粘合，中心不用粘合。

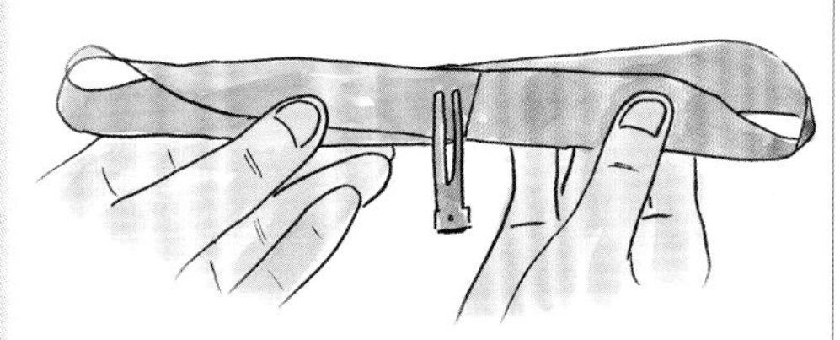

3. 将粘合在一起的缎带的反面朝下。像制作八字结一样，将两端向中心折叠，每边打一次环，这样正面就会再次朝下。一个环朝向右下角，另一个环朝向左上角。将其调整为八字形，夹住固定。

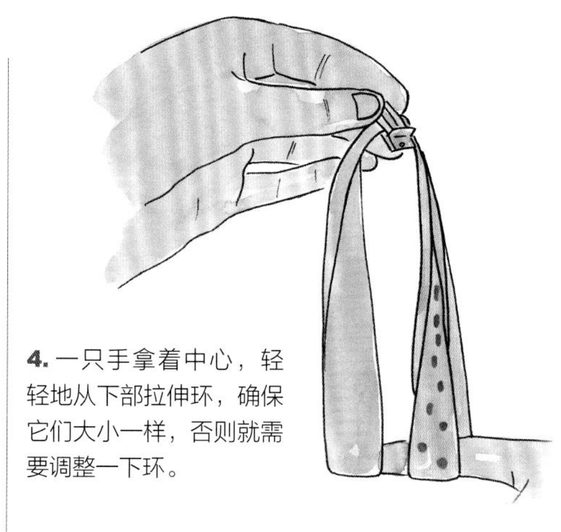

4. 一只手拿着中心，轻轻地从下部拉伸环，确保它们大小一样，否则就需要调整一下环。

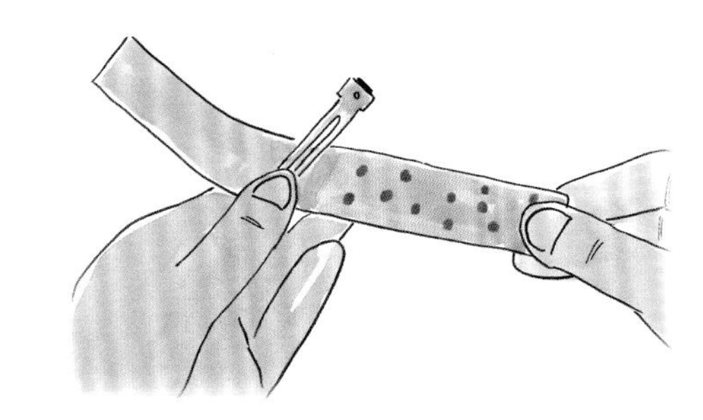

5. 将两个环在其中心折叠。

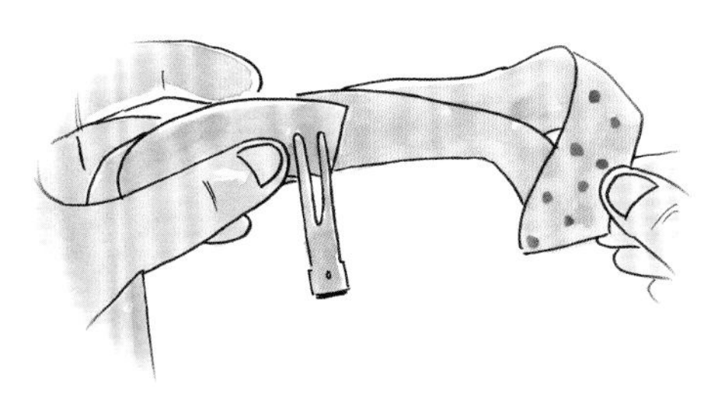

6. 拿起一个环的折痕处，使环的正面朝向你。

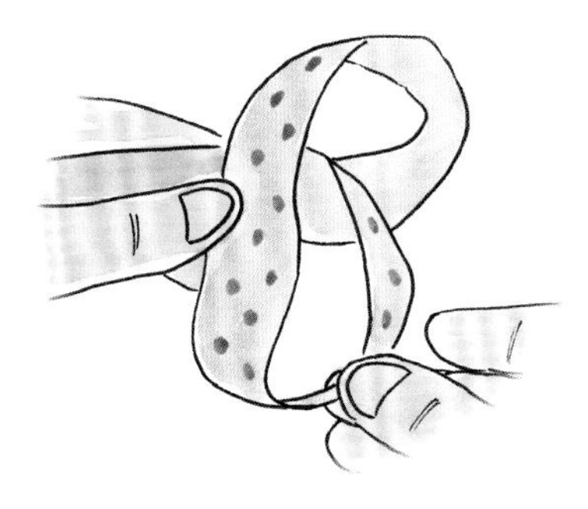

7. 将折痕放置在八字结的中间。用夹子固定住。

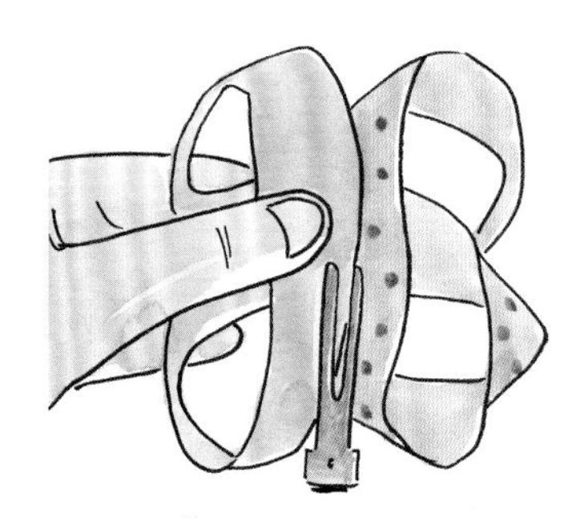

8. 另外一边也如法炮制，将其与第一个环重叠在大约缎带宽度的一半处。

9. 沿着中线以平伏针缝合，参考第17页所示，使用折叠成扇状褶皱的技巧，将中心收紧。由于环重叠的方式，缠绕线有点难，但是在不同层的环之间移动线会有所帮助。

10. 如第18~19页描述的那样，用缠绕法或打结法处理结的中心部分并安装上你选择的发夹或发带。调整环的形状，并喷上定型喷雾。

可替代的方法

你也可以使用此方法制作单色精致曲结，代替第40~41页所示的方法。简单地剪下一根缎带，其长度是左侧表格所示的2倍，再减掉2.5cm。

13 环形结

环形结在一个结中可以用到不同颜色和图案的缎带，颇具特色。刚开始拿着发夹打环可能会有点困难，但要相信熟能生巧的道理。

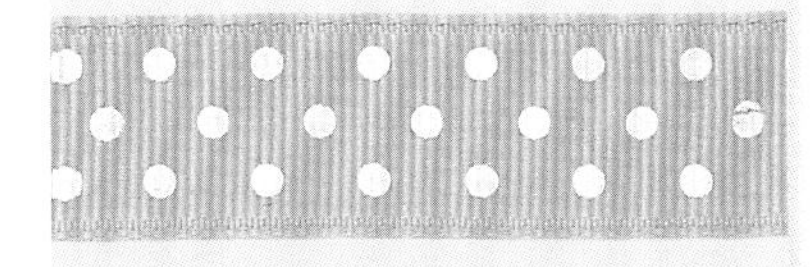

请准备好：

- ❖ 65cm长的4种不同缎带，1根22mm宽，2根16mm宽，1根10cm宽
- ❖ 气消笔或水溶性马克笔
- ❖ 50mm法式发夹
- ❖ 穿上丝光刺绣棉线的绳绒针，一端打结
- ❖ 剪刀
- ❖ 定型喷雾
- ❖ 烙画笔、打火机或锁边液

操作难度：中级到高级　**结的尺寸：**10~11cm

1. 将所有缎带叠在一起，正面朝上，最窄的缎带在最上面。在顶端缎带的左端5cm处做标记，继续每隔11cm进行标记。最后一个标记离缎带右端的距离为5cm。

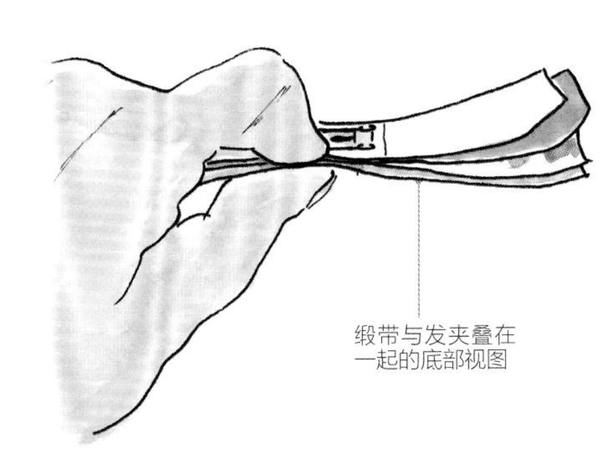

2. 移走法式发夹上的夹子和中心条，放在一边。将叠在一起的缎带放在发夹顶部，第1个标记与发夹按动的一端对齐，缎带边缘垂在外面。将这叠缎带翻转，底部朝上。

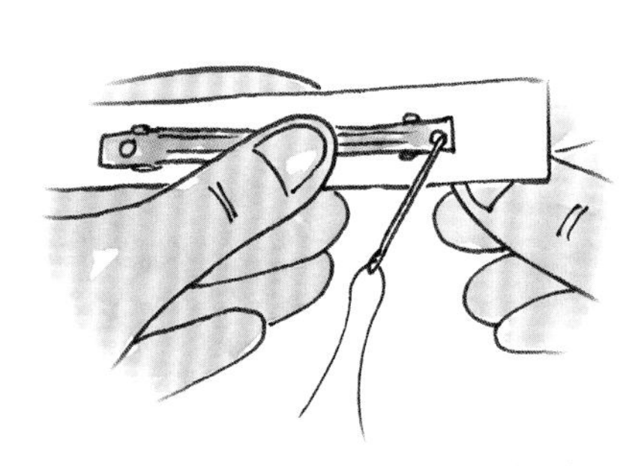

3. 从发夹底部的洞口插入穿好线的针，在洞口和发夹边缘之间来回缝合，固定缎带。

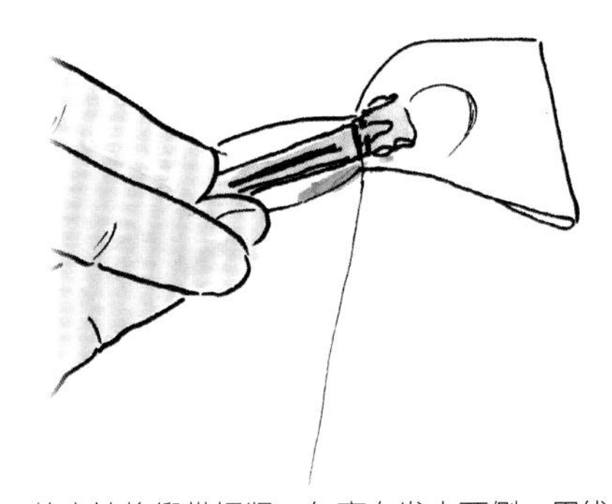

4. 整齐地将缎带捏紧，包裹在发夹两侧，用线绕着这个区域2~3圈。在一边系一个暗结使缎带固定在一个位置。

5. 从第1个11cm的标记处拿起缎带，向前方推将其放在发夹上刚刚固定好的缎带后方。

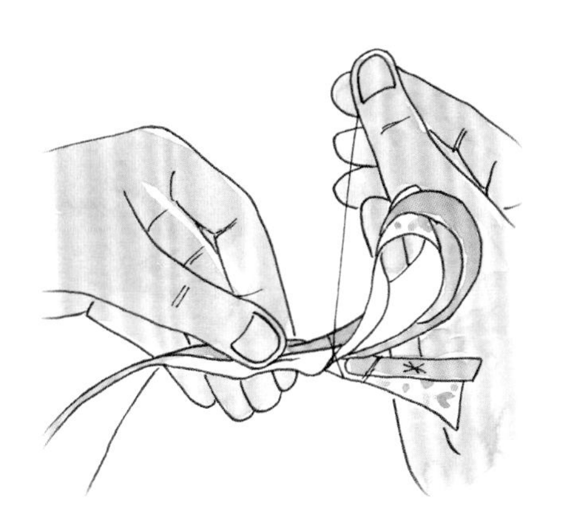

6. 将其整齐地在发夹上捏紧，沿着基底将线缠绕几圈。在一边再系一个暗结。

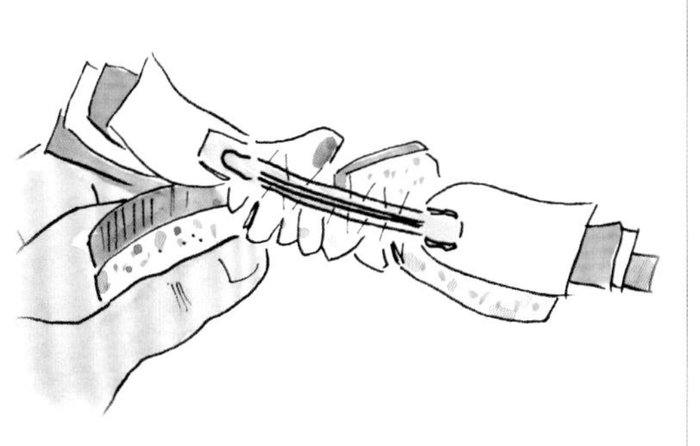

7. 从后面检查作品。线应该沿着底部呈Z字形，环应漂亮整齐。

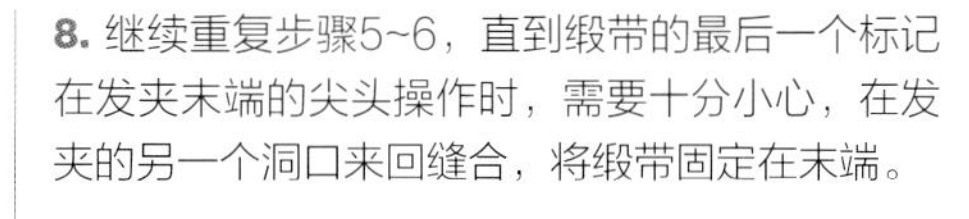

8. 继续重复步骤5~6，直到缎带的最后一个标记在发夹末端的尖头操作时，需要十分小心，在发夹的另一个洞口来回缝合，将缎带固定在末端。

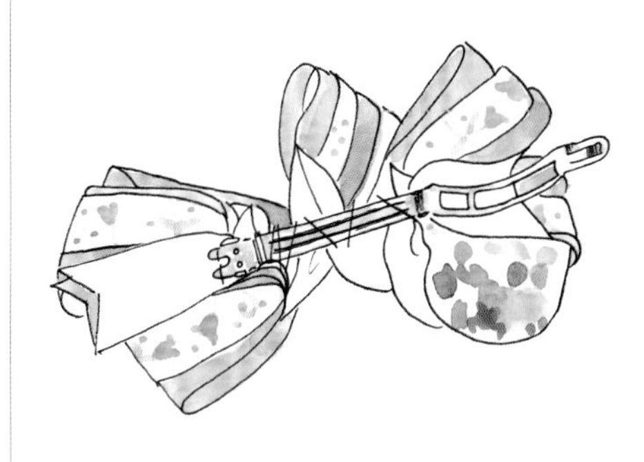

9. 剪断线头，确保所有的环整齐摆放，没有线头妨碍发夹夹紧。在发夹底部重新插入夹子和中心条。

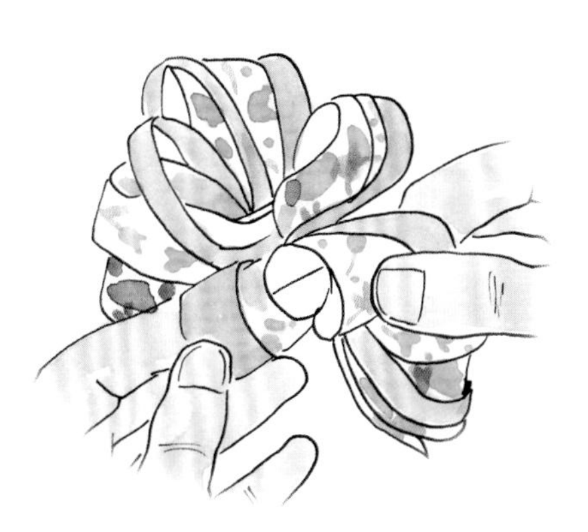

10. 将环一层层地向左右两边拉出，喷上定型喷雾。

14 彩带结

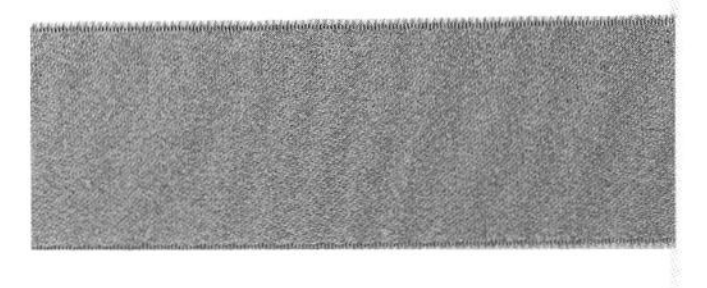

请准备好：

- ❖ 46cm长，6根不同宽度的缎带，分别为10mm、16mm、22mm
- ❖ 12.5cm长、16mm宽的同色系缎带，中间打结
- ❖ 剪刀
- ❖ 烙画笔、打火机或锁边液
- ❖ 穿上丝光刺绣棉线的绳绒针，一端打结
- ❖ 皮筋
- ❖ 热熔胶枪和胶棒

为学校或最爱的球队加油打气时，佩戴双色彩带结看起来非常漂亮，也可以使用不同的印花图案以及单色的缎带，制作出多彩的发饰。

操作难度：初级　　**结的尺寸**：22cm

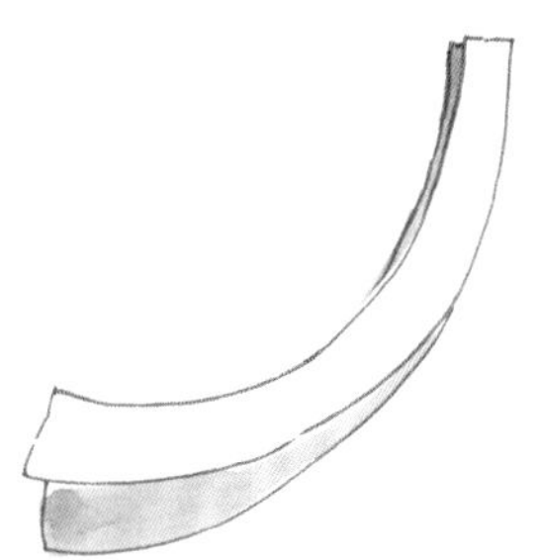

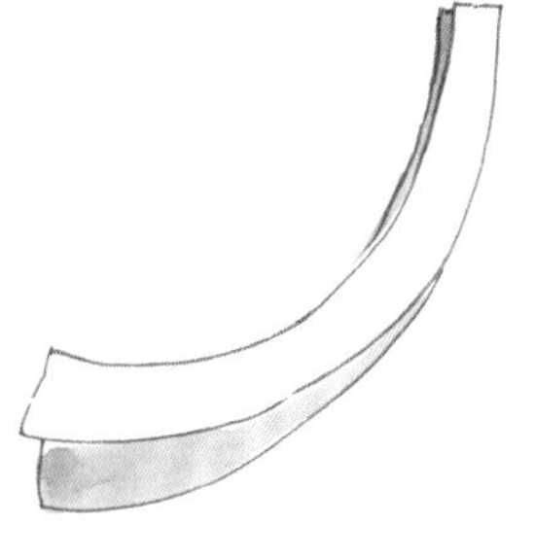

1. 斜剪每根缎带的末端，封好边。将缎带一根根叠在一起，正面朝上。将所有缎带微微展开呈扇形，这样当结制作好后，就能全部看到缎带了。注意最上面的缎带是蝴蝶结中最先被看见的缎带。

2. 从缎带中心拿起缎带，确保下垂的缎带长度一致。

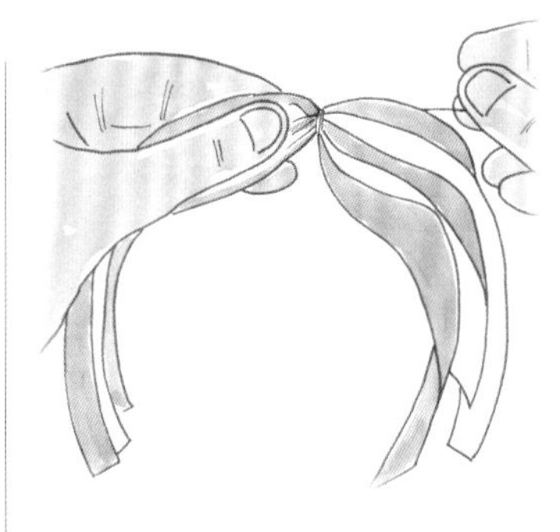

3. 从缎带后面将针线穿过。捏紧中心，用线围着它缠绕多次，打一个结，注意先不要剪断线。

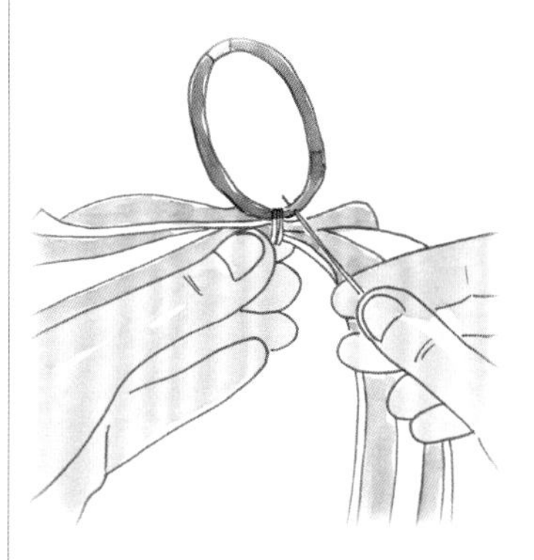

4. 用刚才的线，将针穿进皮筋。绕着结和皮筋将线多缠绕几次，在后部打结和剪断线头之前，将结的后部和皮筋缝合在一起。

5. 按照第18页所示粘上中间的结，确保绕着皮筋粘牢。

15 拉拉队长结

拉拉队长结简单易做，制作起来很迅速，可以用它来装饰整个拉拉队。

操作难度：初级　　**结的尺寸**：22cm

1. 使用织物胶水，将较窄的缎带粘在较宽的缎带上。将缎带对半折叠找到中心，然后再次对半折叠。弄出折痕，展开。

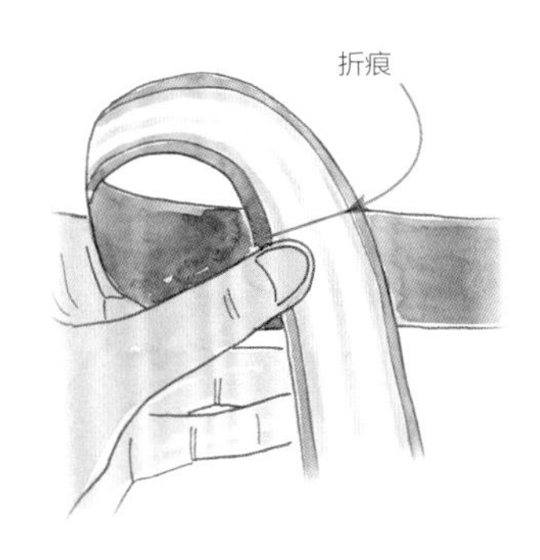

2. 缎带正面朝下，左边绕一个环，将左边的折痕与中心折痕交叉。

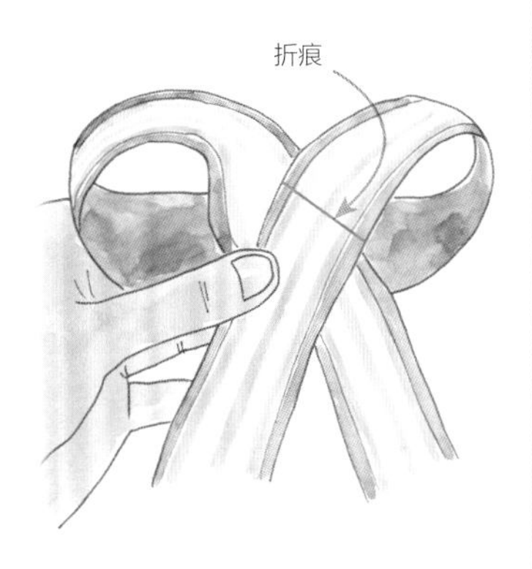

3. 右边也如法炮制。

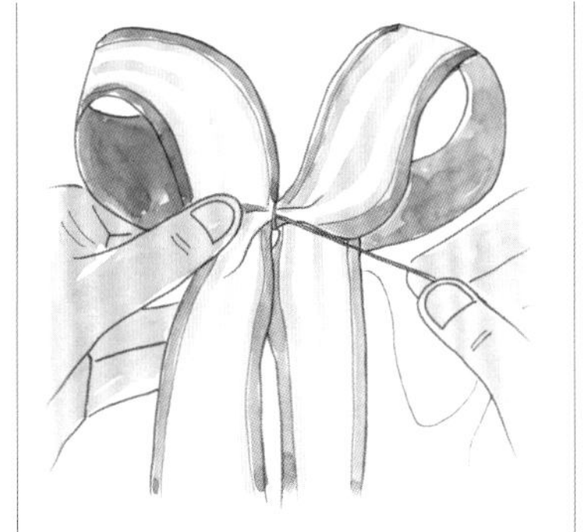

4. 从缎带后面将针线穿过，参考第17页，将中心捏成扇状褶皱，用线缠绕中心多次，在后部打结——但先不要剪断线。

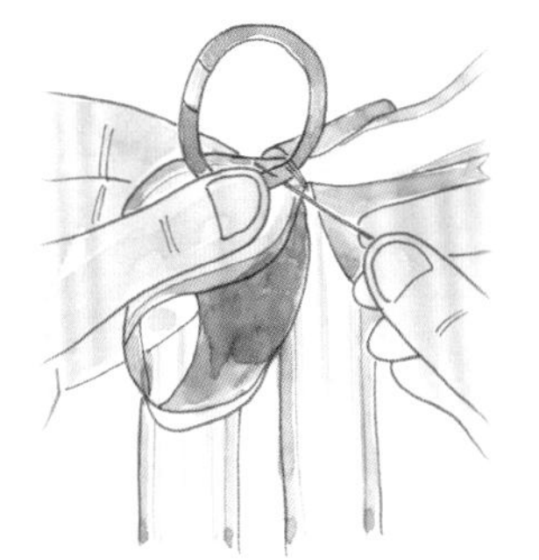

5. 用刚才的线，将针穿过皮筋。绕着结和皮筋将线多缠绕几次，在后部打结和剪断线头之前，将结的后部和皮筋缝合在一起。按照第18页所示粘上中间的结，确保其绕着皮筋粘牢。尾部修剪成喜欢的长度，封好边。

请准备好：

- ❖ 76cm长、38mm宽的缎带
- ❖ 76cm长、22mm宽的缎带
- ❖ 12.5cm长、16mm宽的同色系缎带，中间打结
- ❖ 织物胶水
- ❖ 穿上丝光刺绣棉线的绳绒针，一端打结
- ❖ 皮筋
- ❖ 剪刀
- ❖ 热熔胶枪和胶棒
- ❖ 烙画笔、打火机或锁边液

16 星帽结

使用条状缎带制作的星帽结看起来十分复杂。不过由于折叠都是重复的，所以制作起来并不复杂。使用较窄的缎带可以制成一条极致张扬的项链，也可以使用较宽的缎带打造一个令人眼前一亮的装饰品。

操作难度：中级　**结的尺寸：**9~13cm，取决于使用的缎带宽度

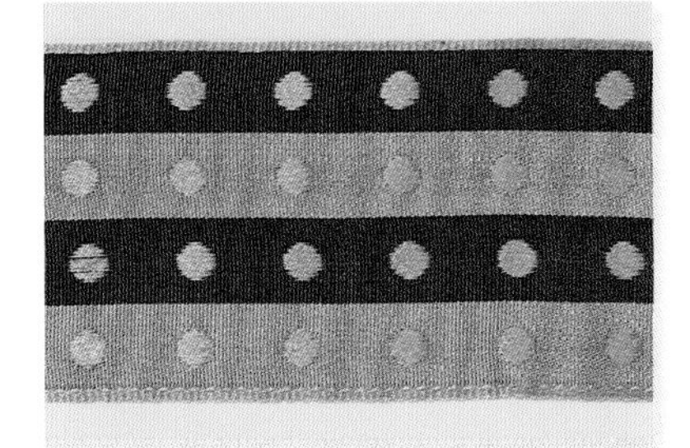

请准备好：

- ❖ 至少2.7m长，16mm宽、22mm宽或38mm宽的双面条状缎带或成卷的单色缎带
- ❖ 缝针
- ❖ 缝线，一端打结
- ❖ 剪刀
- ❖ 烙画笔、打火机或锁边液
- ❖ 织物胶水
- ❖ 牙签或钩针
- ❖ 扣环
- ❖ 项链或与项链配套的缎带

1. 从缎带卷上取下一些缎带，先不要剪断。将缎带边缘向下折叠90度，尾部留出约2cm长。另外一边也照此重复，形成一个三角形。

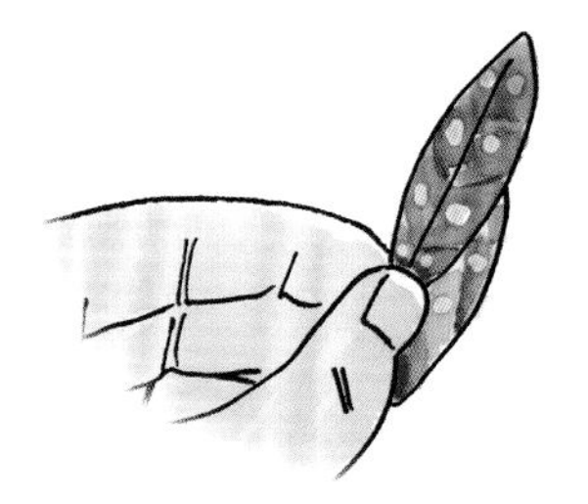

2. 将这个三角形向内沿中间的缝隙处对半折叠，注意从侧面看，它就像一片花瓣。

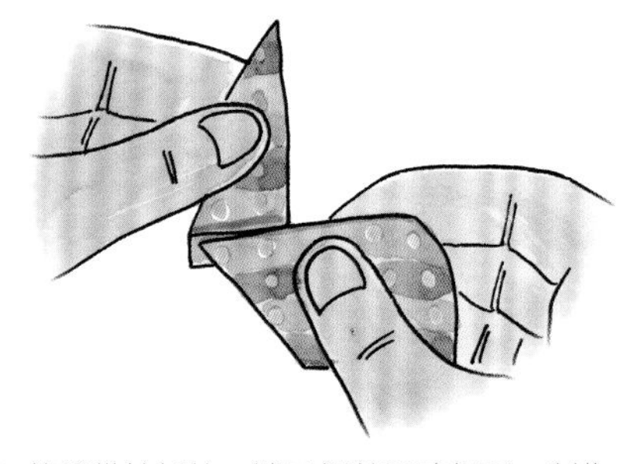

3. 将缎带较长的一端尾部以90度折叠，制作一个指向左边的三角形。

4. 将这个三角形向上对半折叠，这样就与步骤2中的“花瓣”重合。

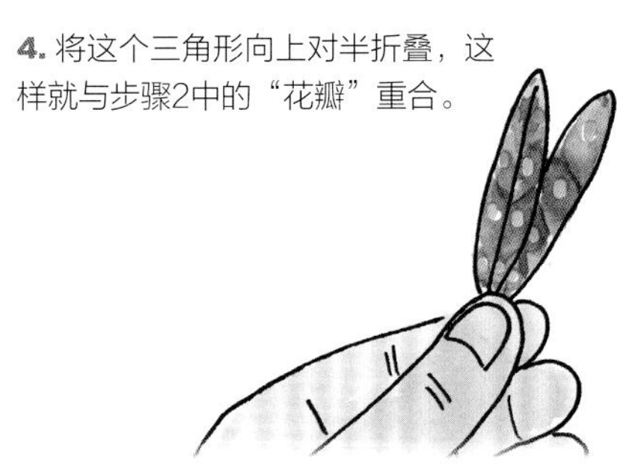

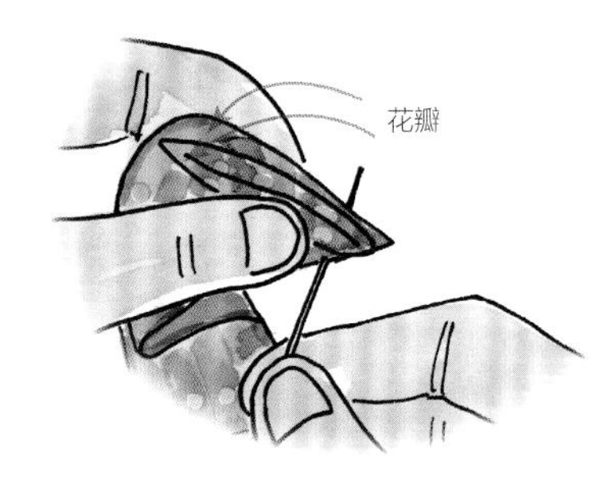

5. 通过底部的几层缎带将它们缝合在一起，底部几层就是刚刚折叠时两个尖角的顶点重合之处，在花瓣的反方向（如箭头所示）。将线打结固定——不要剪断线。

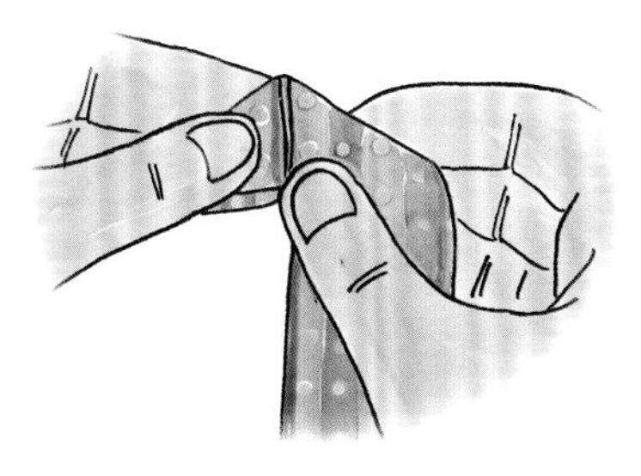

6. 左手拿着缝合好的部分，缝合点朝上。将缎带尾部向下折叠，做成向上的箭头。重复步骤2~5，将下一个“花瓣”和“半个花瓣”进行缝合，但不要穿过之前的花瓣组。

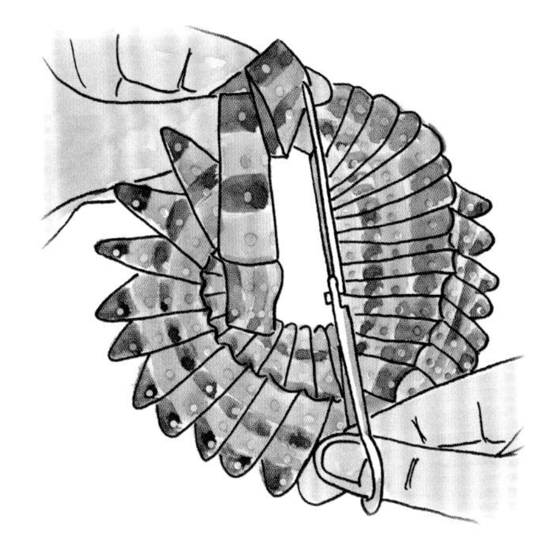

7. 继续折叠直到有31~35个尖角。尖角的数量将决定星帽的饱满度。先不要制作最后一个“半个花瓣”。不要将线剪断，而是剪断缎带，尾部留大约1cm长。对每个尾部内部的一边采取斜剪，从边角开始，然后向中心裁剪。封好边缘。

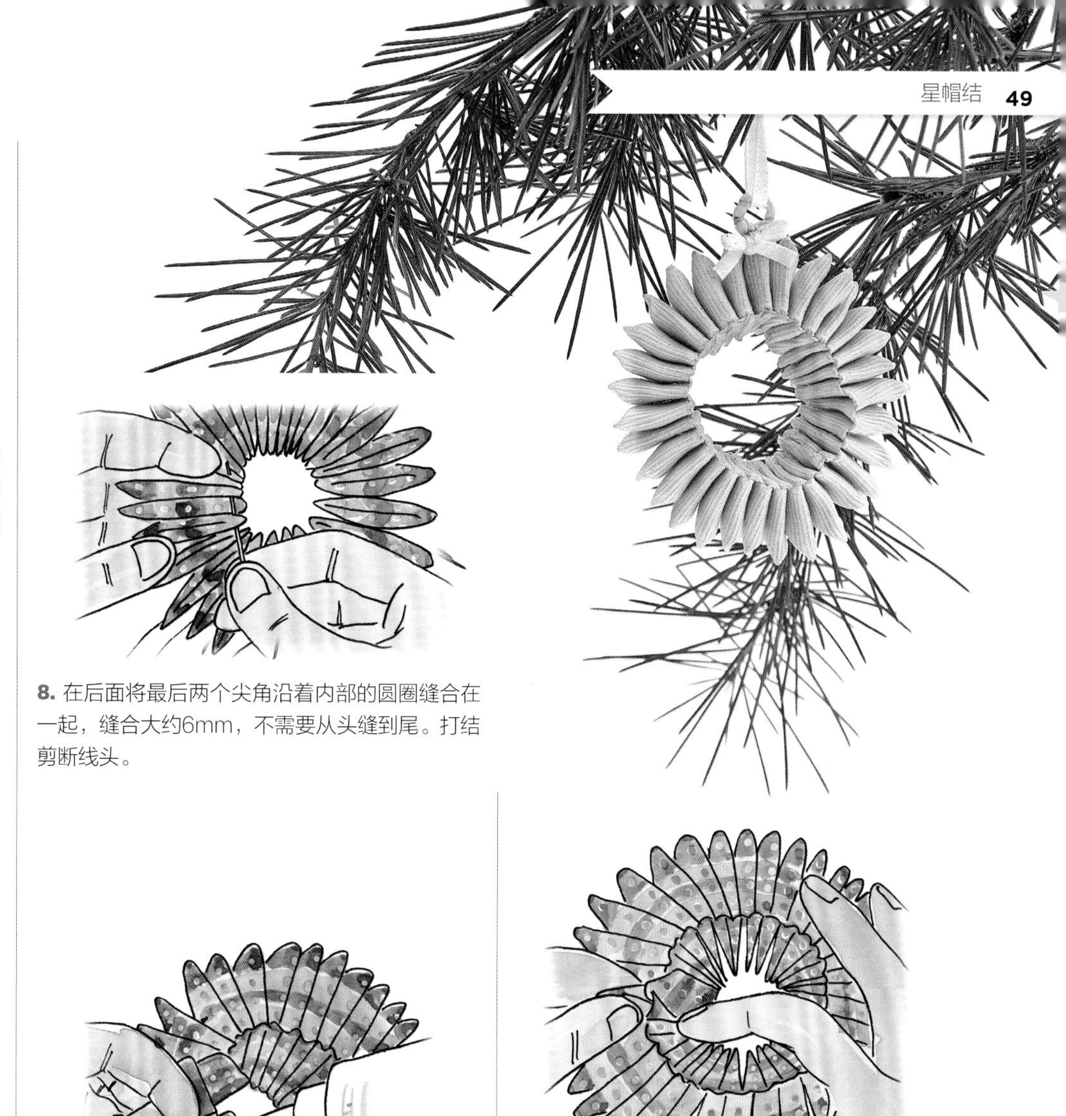

8. 在后面将最后两个尖角沿着内部的圆圈缝合在一起，缝合大约6mm，不需要从头缝到尾。打结剪断线头。

9. 将星帽翻转到前面。尾部将会被卷进它们旁边的折痕处，因此只需将织物胶水涂在每根尾部的一面。

10. 将末端塞入折痕中，使用牙签或钩针将其排放整齐。

11. 在一个顶点上缝一个扣环，这样星帽结可以当作项链坠来佩戴，或者将其悬挂用于装饰。

17 穗带发夹

昔日风靡一时的穗带发夹又重回大众视野了！它制作简单，带着姐妹们一起参与进来吧，她们也会喜欢制作这些发夹的。

请准备好：

- ❖ 2种颜色的76cm长、3mm宽的罗缎或绸缎
- ❖ 57mm长的长条发夹
- ❖ 牙签
- ❖ 鸭嘴夹

操作难度：初级　**结的尺寸**：彩带从发夹底部悬下约15cm

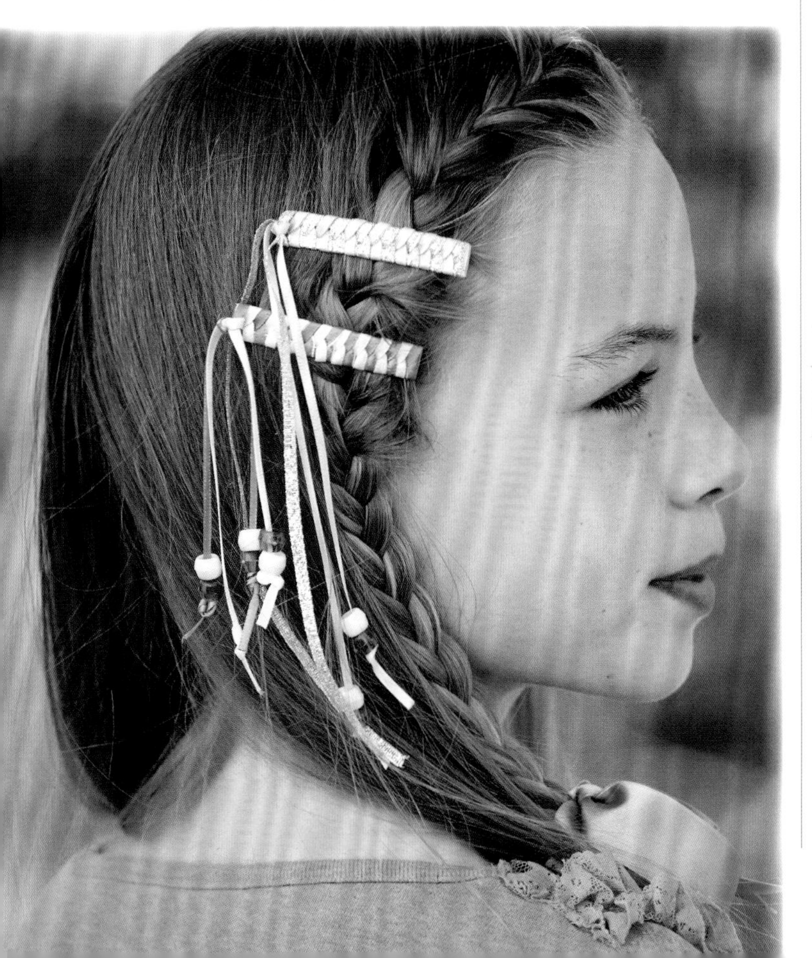

1. 将缎带放置在一起，对半折叠形成折痕。

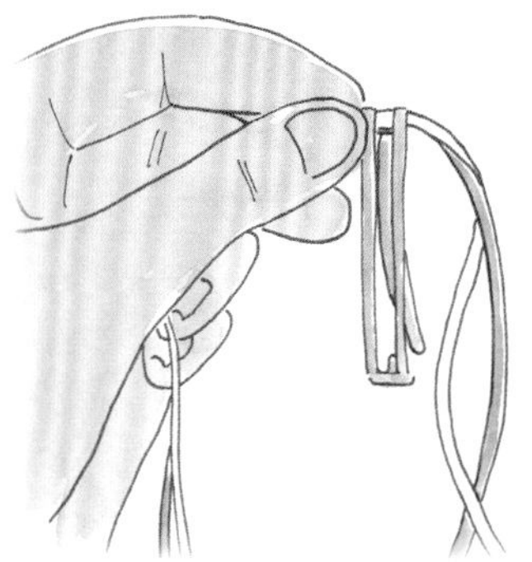

2. 将叠在一起的缎带沿着顶端的弯曲边缘滑入发夹里，将折痕放在发夹中心。

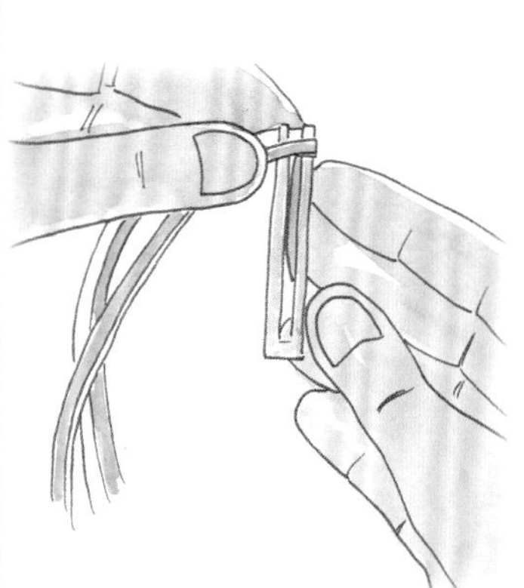

3. 将右边的缎带从右边折放到发夹上方。

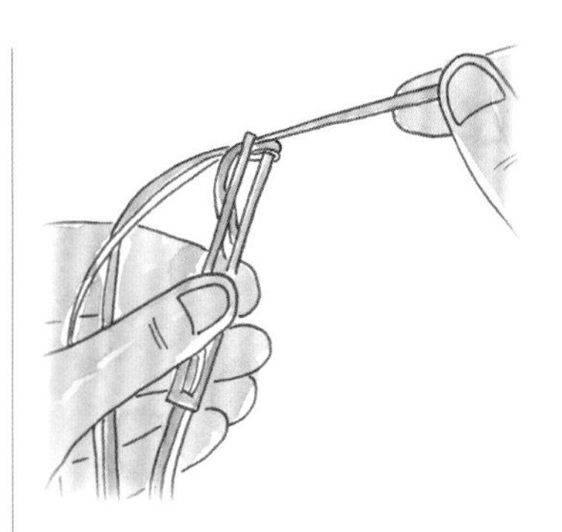

4. 用牙签将缎带塞进发夹中间的开口。继续使用牙签小心地将它们拉出，不要翻转缎带。

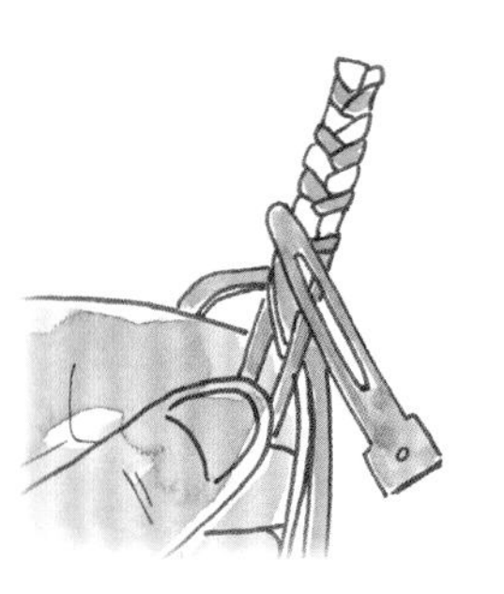

5. 用发夹左边的缎带重复步骤3~4。继续编织直到编到发夹底部，有必要的话可以用鸭嘴夹固定。打一个双结。

添加一些装饰
你可以在彩带末端加一些珠子，将缎带穿过珠子，在底部打结。

18 蝴蝶结发箍

通过褶皱和折叠缎带制作的蝴蝶结为年轻女孩在特别场合的搭配提供了一个重要选择。褶皱、折痕、纽扣要先手工缝好，然后再将其粘在缎带发箍上。

操作难度：中级

1. 使用10mm的缎带包裹2.5cm宽的发箍，见第19页。

2. 在距离2.5cm宽的罗缎或绸缎左端5cm处做1个标记，在离这个标记2.5cm处再做1个标记。离第2个标记5cm处做第3个标记，离第3个标记2.5cm处做第4个标记。再按标记1~4的顺序重复标记6次，第2组的第1个标记离刚才标好的第4个标记的距离为5cm。

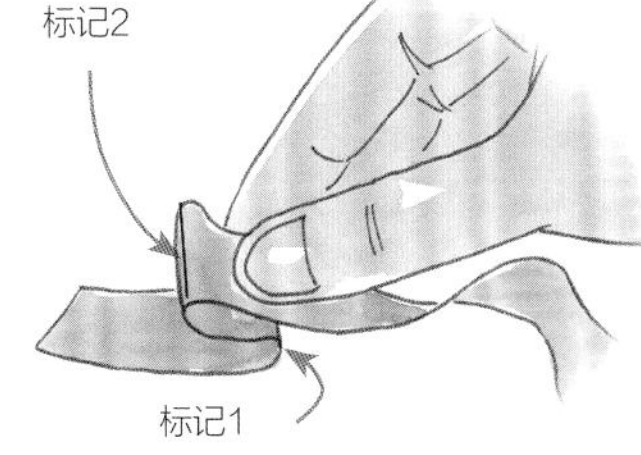

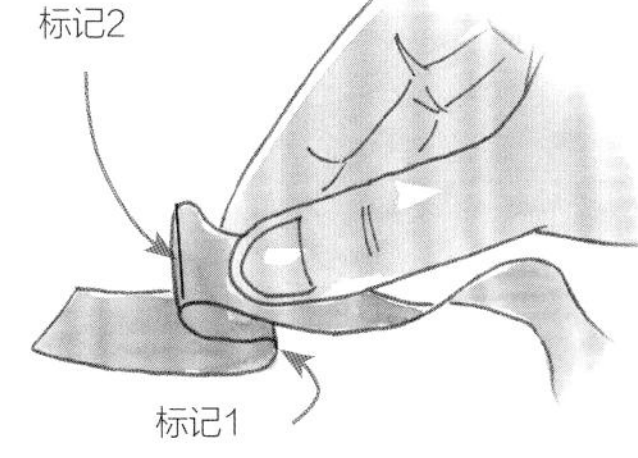

3. 将前两个标记制作成一个反的"Z"字形，在第1个标记处将缎带向左折叠，在第2个标记处将缎带向右折叠。用夹子固定。

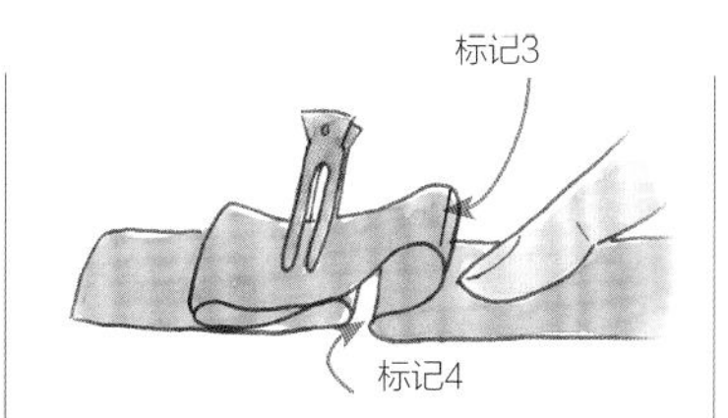

4. 将第4个标记靠近标记的折痕处，使第3个标记和第4个标记形成"Z"字形。

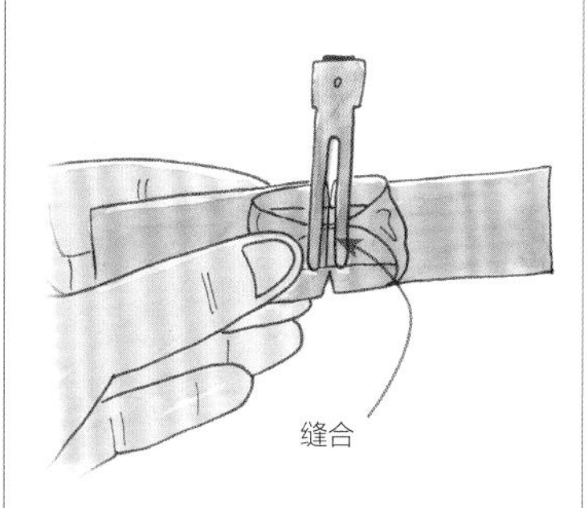

5. 将刚刚折叠形成的褶皱的上下两边向中心折叠，用夹子夹住，将夹子的两个分叉分别插入刚才形成的两个折痕，这样背面的折痕就靠近彼此了。使用针线，缝细针脚的平伏针固定住正面的折痕。不要将线打结，也不要剪断线头。

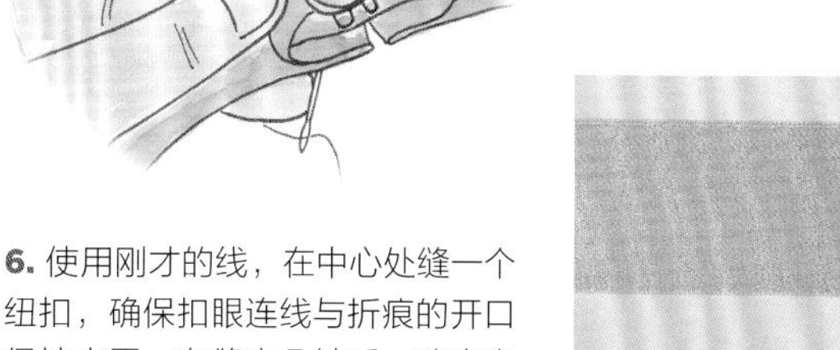

6. 使用刚才的线，在中心处缝一个纽扣，确保扣眼连线与折痕的开口保持水平。在缝完几针后，移去夹子。检查以确保缝在了褶皱上，这样褶才不会开。

7. 重复步骤3~6六次。从中心处开始，将褶皱结缎带粘在包裹好的发箍上，然后向两端粘合。每次粘合的部分约为5cm。当你粘到发箍末端时，修剪并封好边缎带边缘，如果发箍末端是锥形，要向后部包裹边缘。最后一周用一段10mm宽的缎带整齐地包裹好发箍的两头。

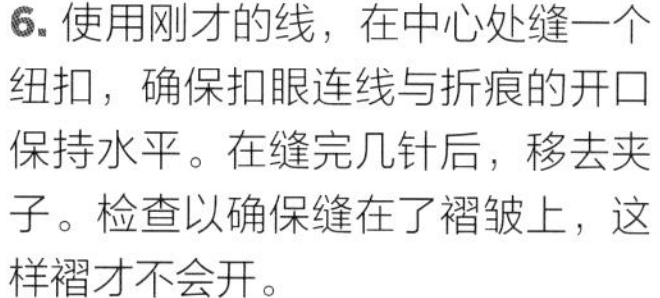

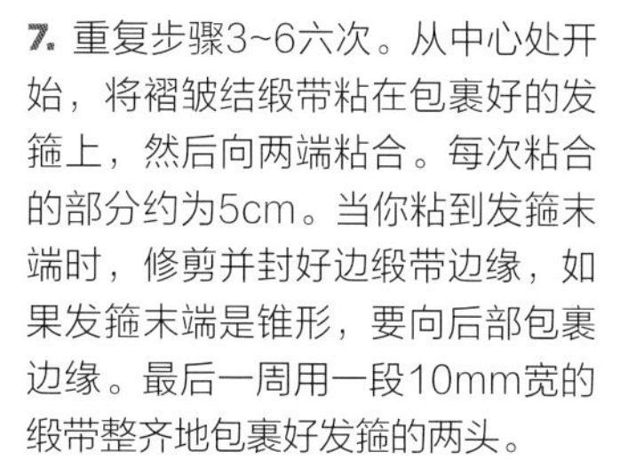

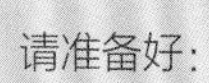

请准备好：

- ❖ 241cm长、10mm宽的罗缎或绸缎，用来包裹发箍
- ❖ 114cm长、25mm宽的罗缎或绸缎
- ❖ 25mm宽的塑料发箍
- ❖ 气消笔或水溶性马克笔
- ❖ 双头鸭嘴夹
- ❖ 缝针
- ❖ 缝线，一端打结
- ❖ 7个纽扣，直径约13mm，带有两个扣眼（不要使用工字纽扣）
- ❖ 热熔胶枪和胶棒
- ❖ 剪刀
- ❖ 烙画笔、打火机或锁边液

19 穗带发箍

这款优雅的发箍可以编织成两种颜色，在正式场合中，用单色编织的发箍也会显得落落大方。这款发箍的难点在于在制作时需确保环是平整的，而穗带本身是很容易掌握的。

操作难度：中级

请准备好：

- 178cm长、10mm的同色罗缎或绸缎，与其中一种用来编织发箍的缎带同色
- 183cm长、10mm宽的双色罗缎或绸缎
- 13mm宽的塑料发箍
- 安全别针
- 缝针
- 缝线
- 剪刀
- 热熔胶枪和胶棒
- 烙画笔、打火机或锁边液

1. 使用178cm长的缎带包裹13mm宽的发箍，方法见第19页。

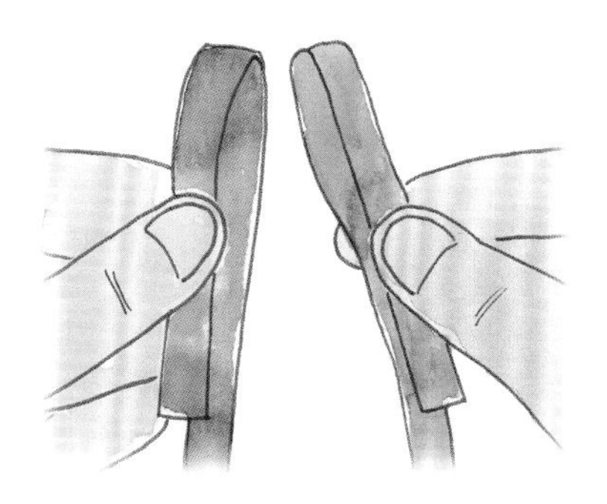

2. 将两条183cm长的缎带的一端向下折叠5cm。

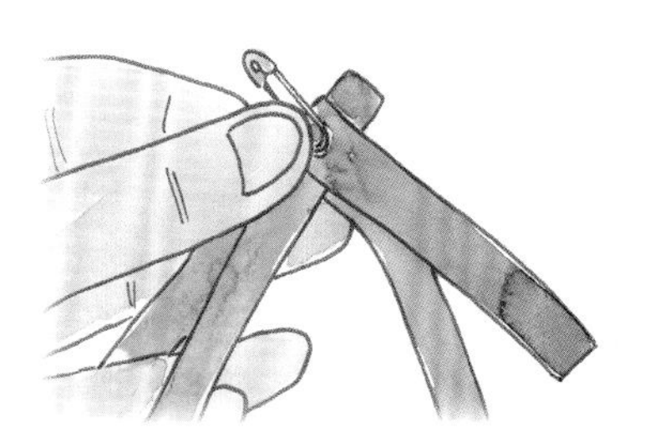

3. 将一根缎带的折叠的一端塞进由另一根缎带折叠形成的圆环中，使左边缎带的环比右边缎带的顶部高出约10mm。此外，确保左边缎带的长端在前面，尾部在后面。确保右边缎带的折叠处与左边缎带的边缘平齐，不要高出来，并且右边缎带的尾部在前面。在缎带交叉处用别针固定。

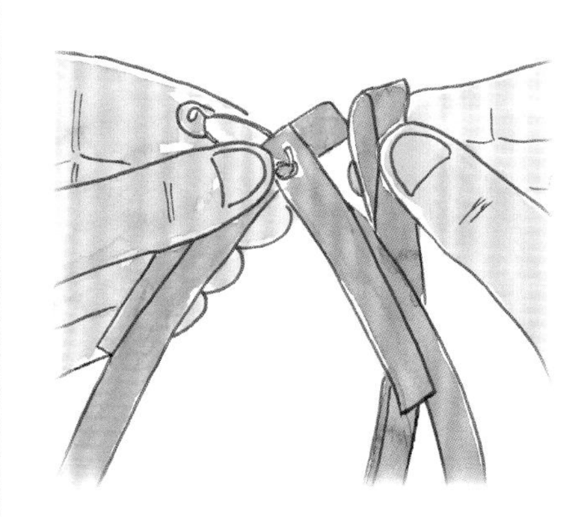

4. 将右边缎带的一部分折成一个圆环。

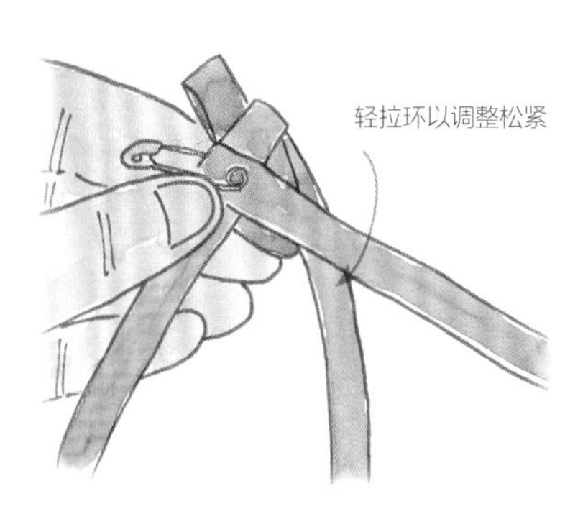

5. 将折叠的部分插入左边缎带高出来的部分形成的环中。使这部分比环高出约10mm处，轻轻地拉扯圆环的前端，同时保持高出的长度相同，以收紧底部松弛的地方。

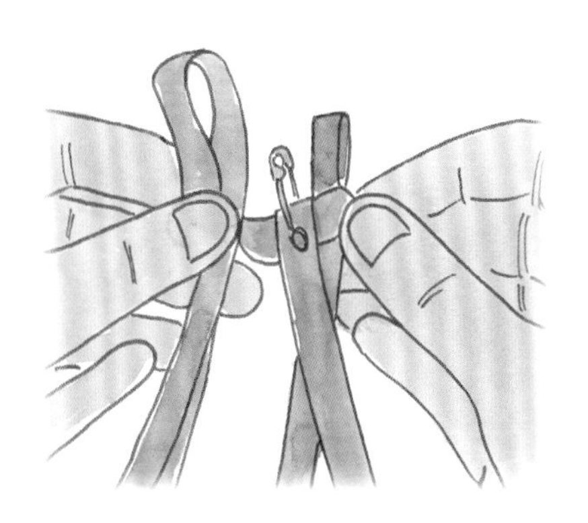

6. 将右边缎带的一部分折成一个圆环。

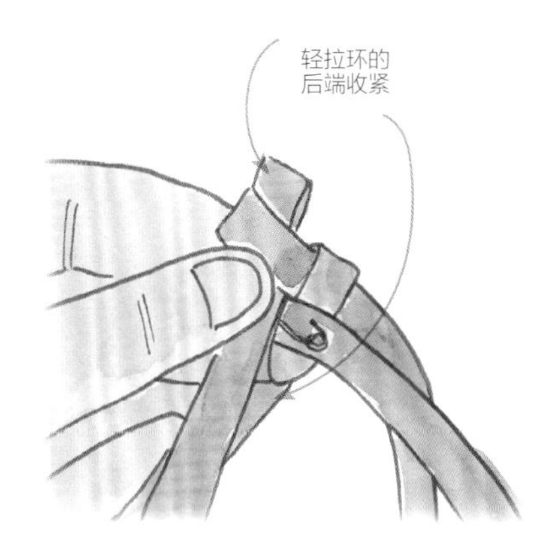

7. 将折叠的部分插入右边缎带形成的环中。如步骤5所示，留出高出的部分。轻轻地拉扯圆环的后端，同时保持高出的长度相同，以收紧底部松弛的地方。

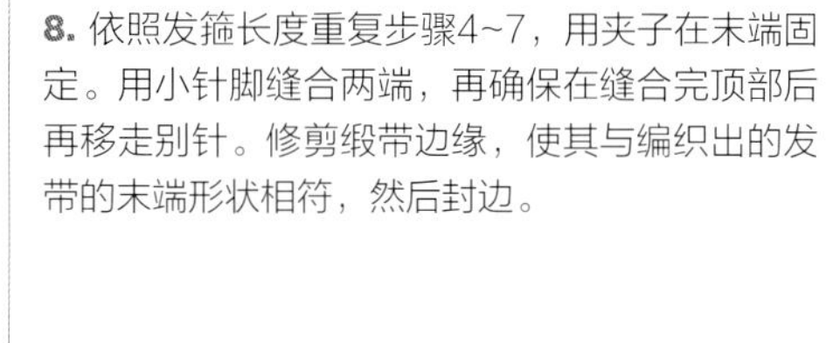

8. 依照发箍长度重复步骤4~7，用夹子在末端固定。用小针脚缝合两端，再确保在缝合完顶部后再移走别针。修剪缎带边缘，使其与编织出的发带的末端形状相符，然后封边。

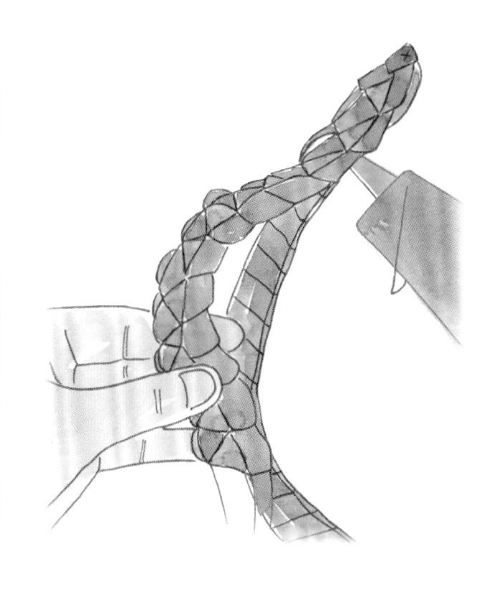

9. 从一端开始，将完成的编织发带粘在用缎带包裹好的发箍之上。每次黏合约5cm。

20 编织发箍

编织发箍只在刚开始进行编织时有些难度。它可以编织成两种、三种或四种颜色，但从四种颜色开始学习比较容易。

请准备好：

❖ 91cm长、10mm宽的双色或四色罗缎或绸缎，用来包裹13mm宽的发箍
-或-
❖ 102cm长、10mm宽的双色或四色罗缎或绸缎，用来包裹25mm宽的发箍

❖ 13mm或25mm宽的塑料发箍

❖ 烙画笔、打火机或锁边液

❖ 热熔胶枪和胶棒

❖ 鸭嘴夹

❖ 剪刀

外部三角形

中心菱形

操作难度：中级

1. 编织发箍的表面形成一个中心菱形和外部三角形。首先要决定哪2种颜色缎带用于中心菱形，哪2种颜色用于外部三角形。

2. 将所有缎带封边。将一根中心菱形缎带粘在一根外部三角形缎带上，在离末端约6mm处粘合，制作出一条长缎带。重复以上步骤处理另一组缎带。

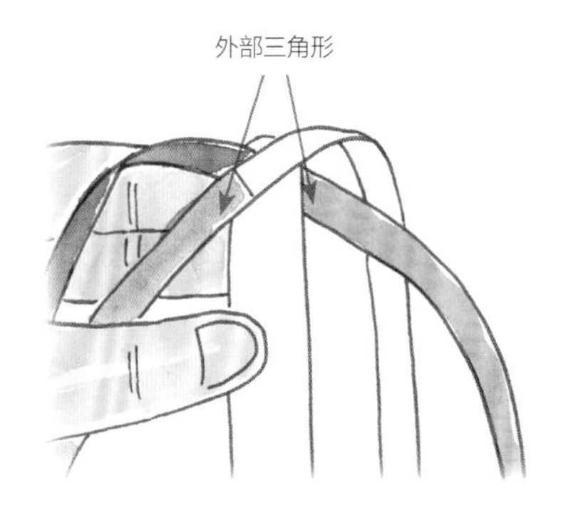

3. 拿着发箍，使其末端朝上，表面朝前。将一组缎带的中心以45度角粘在发箍末端的表面，中心的颜色斜朝上。第2组缎带也按此法操作，但粘在发箍末端的背面。确保中心的颜色斜朝上。

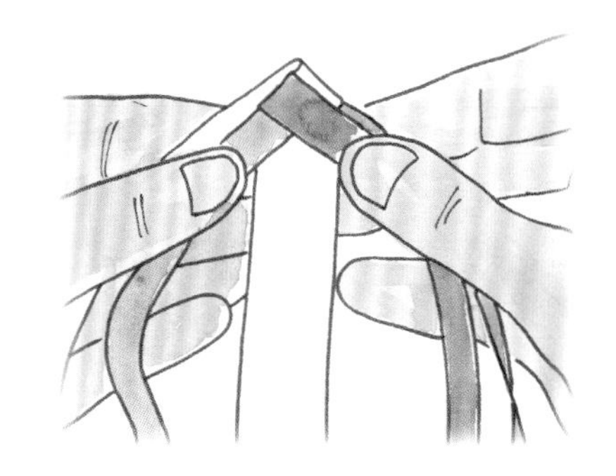

4. 向后面折叠右上方的缎带，折向左边。向前面折叠左上方的缎带，折向右边。每边现在有2根缎带。将这些缎带粘合在发箍的正面和背面，包裹住发箍的末端。

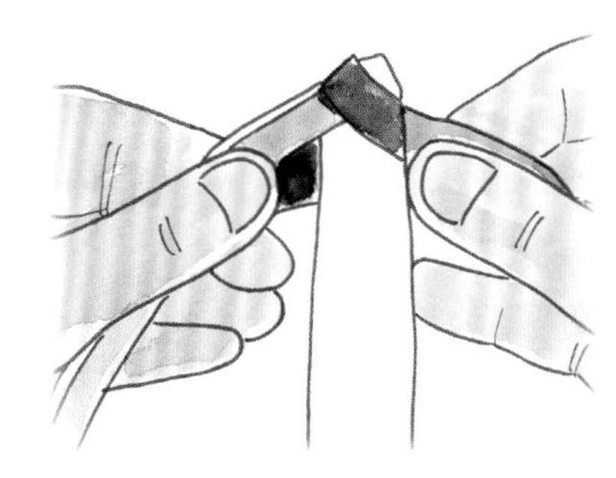

5. 将右边上层的缎带压在右边第2根缎带之下，绕到背面并用手拿住。这样1根缎带在右边，3根缎带在左边。

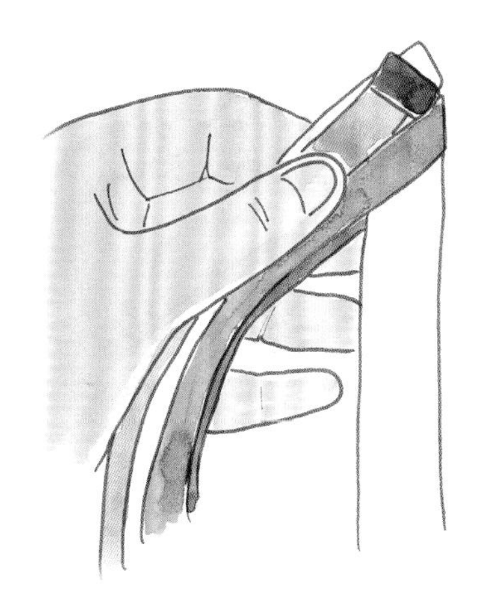

6. 将右边的最后一根缎带缠绕到前面来。这样所有的缎带都在左边。

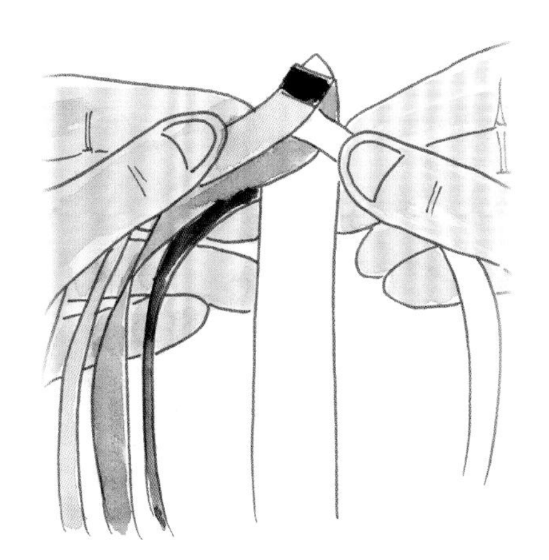

7. 将位于背面的左边最上方的缎带压在正面的第2根缎带之下。将最上方的缎带缠绕到前面。

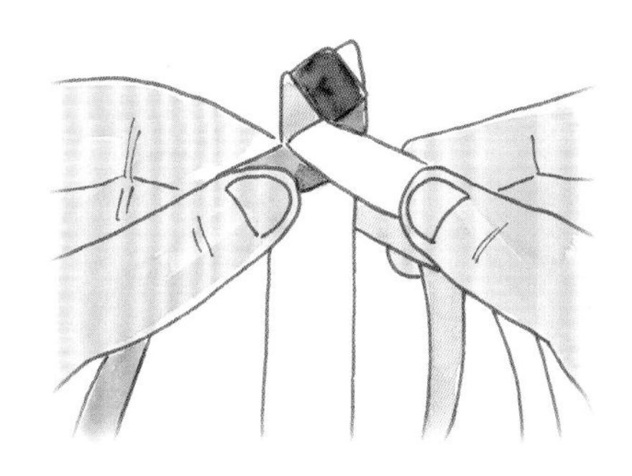

8. 现在处于左上方的是一根新的缎带，将其绕到背面。与步骤4一样，这样两边又各有2根缎带。

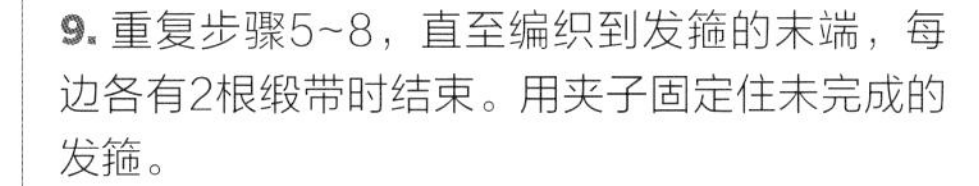

9. 重复步骤5~8，直至编织到发箍的末端，每边各有2根缎带时结束。用夹子固定住未完成的发箍。

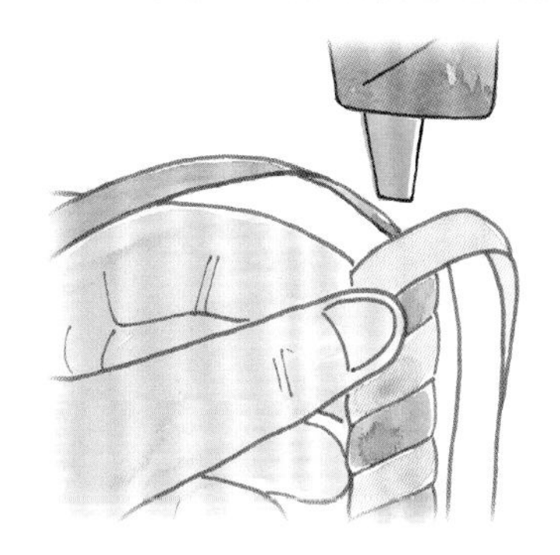

10. 向下粘合发箍背面的两根缎带，然后修剪多余的缎带，将末端封好边。

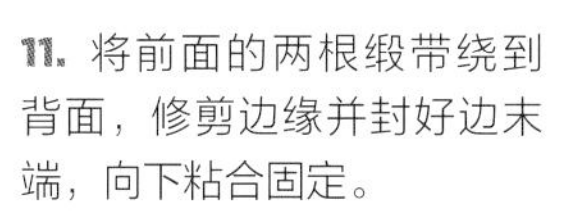

11. 将前面的两根缎带绕到背面，修剪边缘并封好边末端，向下粘合固定。

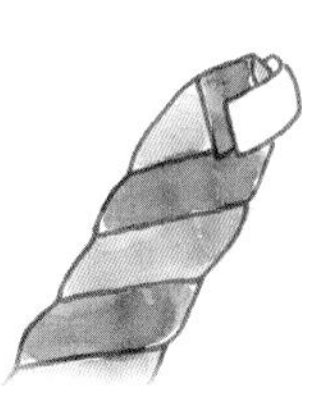

21 编织手链

请准备好：

❖ 双色6mm宽的绸缎，每根绸缎的长度是手链的3倍
-或-
❖ 单色6mm宽的绸缎，每根绸缎的长度是手链的6倍

❖ 烙画笔、打火机或锁边液

❖ 热熔胶枪和胶棒

❖ 带有环扣的手链约6mm宽

❖ 镊子

❖ 钳子，如果要缩短手链，可以用钳子卸下多余的环扣（可选）

可以用在手工艺店的珠宝首饰区购买的手链编织这款单色或双色手链，要将手链变短可使用镊子移除环扣，编织缎带前，可将链子拼在一起。

操作难度：初级

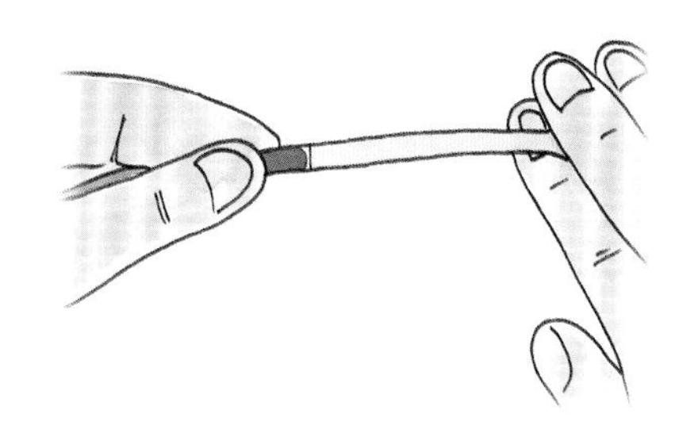

1. 将所有缎带末端封好边。如果使用两种不同的缎带，在离边缘6mm处将其粘合在一起，形成一条长缎带。如果只使用一种颜色，对半折叠找到中心，折出折痕。

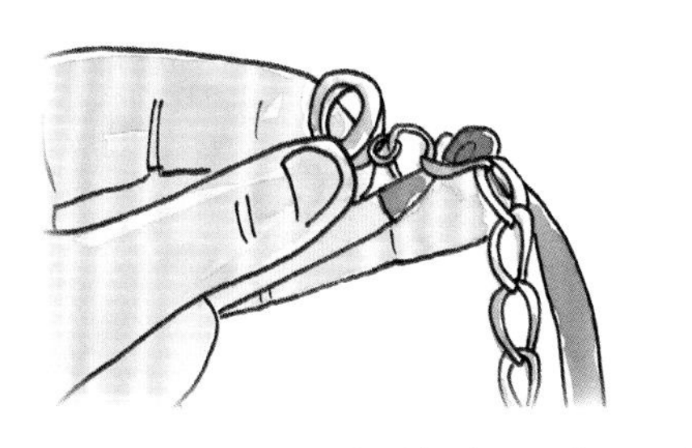

2. 将缎带穿过环扣和手链的第1个环，然后滑动缎带，使缎带的中心处于顶端。

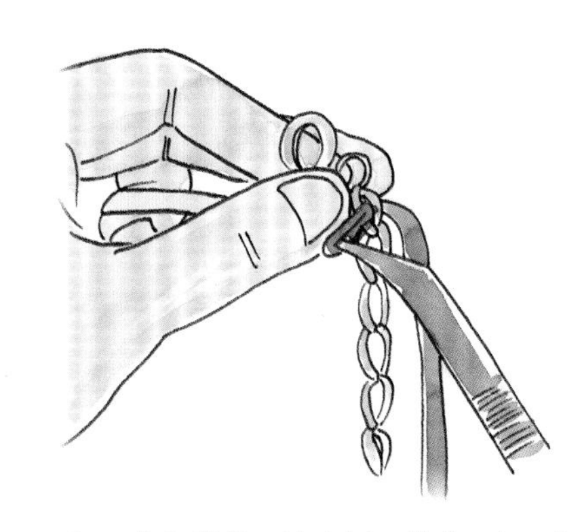

3. 用镊子将缎带的一边穿过手链第1个环的中心，然后将缎带绕回刚刚穿进来的一边。

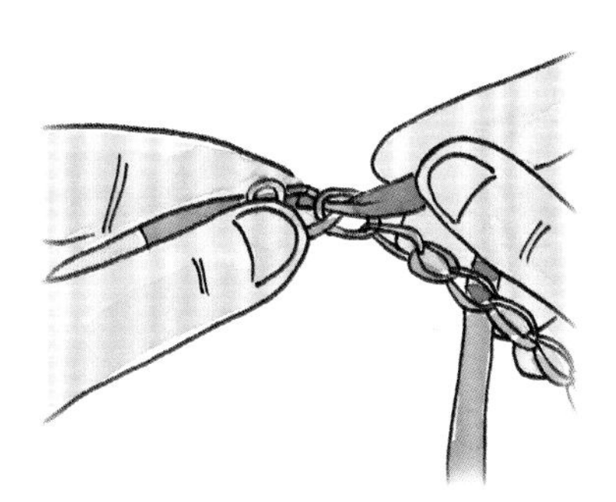

4. 第2个环也这样操作。

5. 继续重复此操作直到手链尾部，在尾部的环扣处将缎带收尾。当沿着手链穿缎带时，要尽量使缎带保持平整，使链子保持平直，这样编织的缎带会始终穿过同一边，而不会扭转。

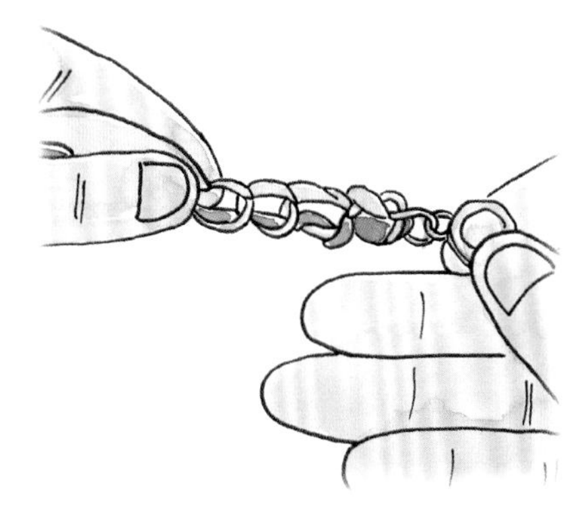

6. 另外一边的缎带也如法炮制穿过手链。

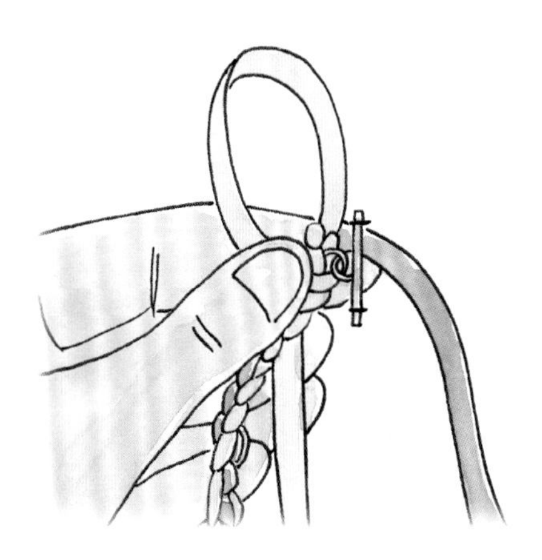

7. 按第28页所示，打一个鞋带结。修剪并将尾部封好边。

22 串珠缎带手链

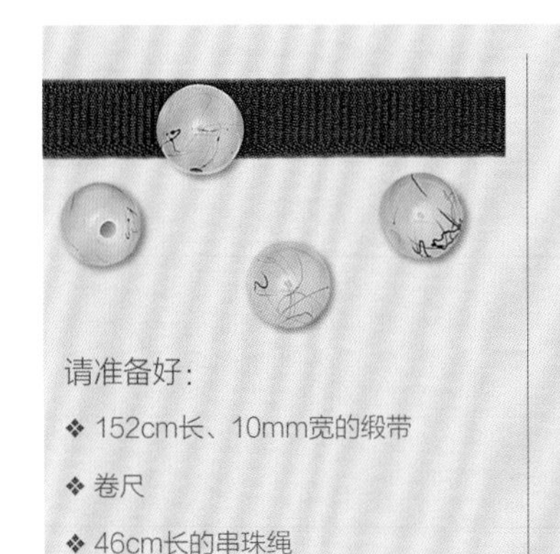

请准备好：

- ❖ 152cm长、10mm宽的缎带
- ❖ 卷尺
- ❖ 46cm长的串珠绳
- ❖ 能够穿进串珠孔并能穿得上串珠绳的带孔针
- ❖ 气消笔或水溶性马克笔
- ❖ 14~18个10~13mm宽的大孔串珠
- ❖ 剪刀
- ❖ 热熔胶枪和胶棒
- ❖ 烙画笔、打火机或锁边液

将不同大小的串珠与缎带相结合制作出一个亮眼的手链。蝴蝶结仅用于装饰，手链绳有弹力，可以匹配手腕的粗细。

操作难度：中级　**长度**：不固定，取决于佩戴手链的人的手腕粗细

1. 测量戴手链者的手腕粗细。串珠手链应刚好适合手腕的粗细，有弹力的串珠绳能够让手通过手链。

2. 将串珠绳穿过针孔，末端打结。

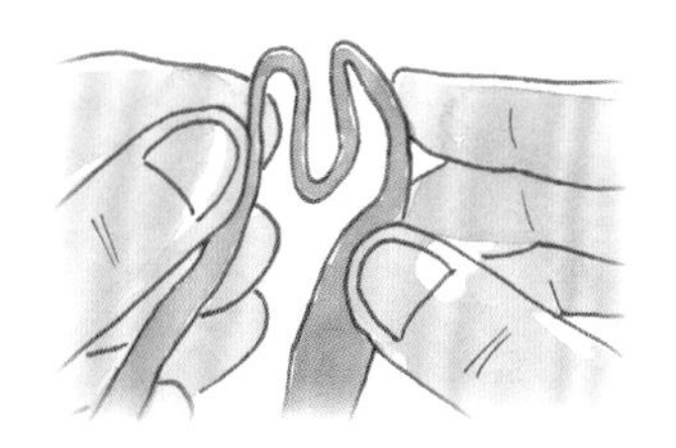

3. 在离缎带末端23cm处做一个标记。从这个标记点开始，折叠缎带2次，形成“M”的形状，使折叠部分的高度与串珠的尺寸保持一致。

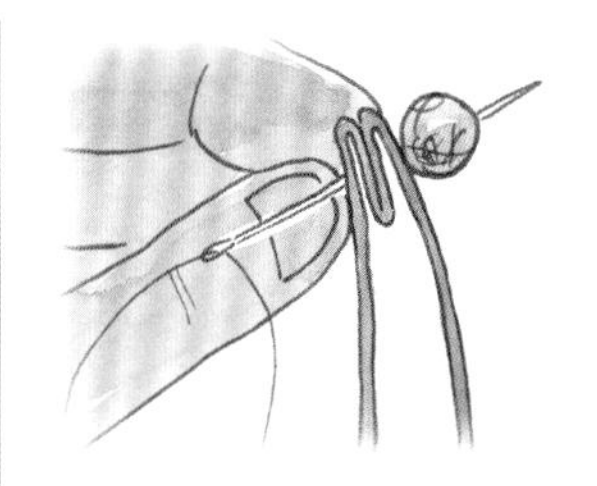

4. 将折叠部分压在一起，将针和穿珠绳穿入中心，穿珠线上的结在缎带较短的尾部一端。针上穿1个串珠。

5. 用串珠正下方的缎带包裹串珠，然后如步骤3所示，将贴紧串珠的缎带折叠2次。将针再次插入“M”中心。

6. 缝合几针，将串珠绳打结来固定折叠部分和串珠。

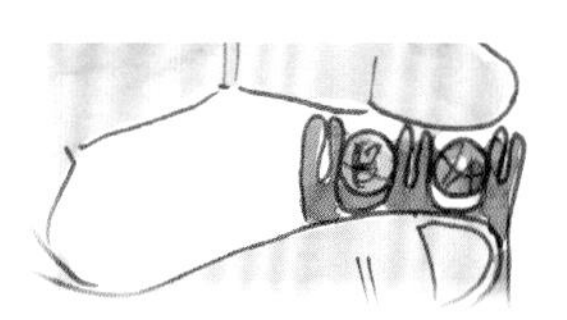

7. 检查串珠和折叠部分是否处于相对水平的状态。

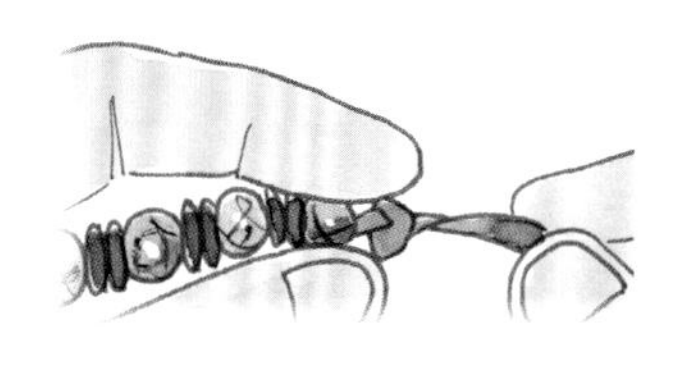

8. 继续添加折叠部分和串珠，直到手链的长度达到需要的长度，以双折叠部分结尾。通过缝合和将线打结的步骤系紧串珠绳。在缎带末端打结。

9. 将缎带末端修剪至23cm长，将两端系成如第29页所示的双环结。若有必要可在结上滴一滴热熔胶。修剪末端，封边。

23 串珠缎带项链

这款项链适用于休闲风，也可以用于正式场合，这取决于选用的串珠和缎带种类。这款项链会花费较多的时间缝制，但是非常值得！

操作难度：中级　**长度：**48cm长的项链

1. 将一根缎带叠放在另一根缎带上。将两根缎带的末端分别封好边，在离缎带末端30cm处做一个标记。在这个标记处系一个结，确保缎带叠放在一起。

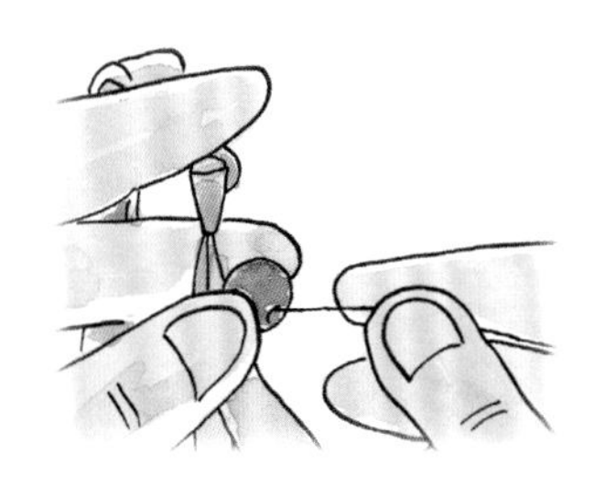

2. 用串珠线或弹力绳穿针，在末端打结。将线从缎带的一边穿到结的右边。使缎带贴在一起。将串珠用针穿过。

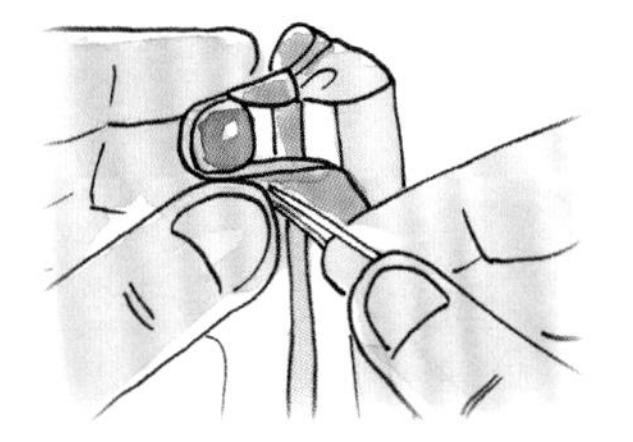

3. 用缎带紧紧包裹住串珠底部，在串珠孔接触到缎带的位置做一个标记。从标记处将针穿出。通过缝合和将线打结的步骤来固定缎带和串珠。

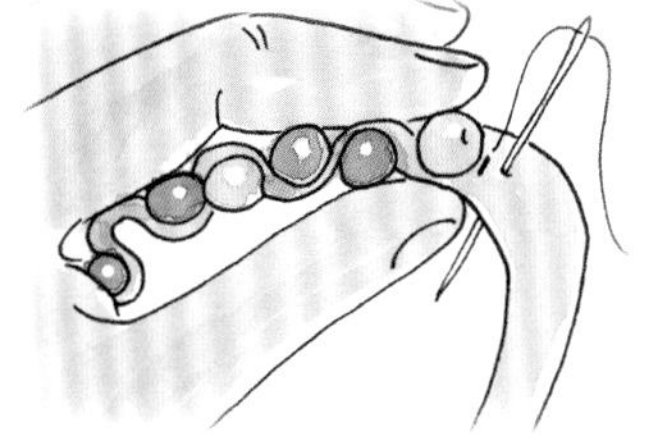

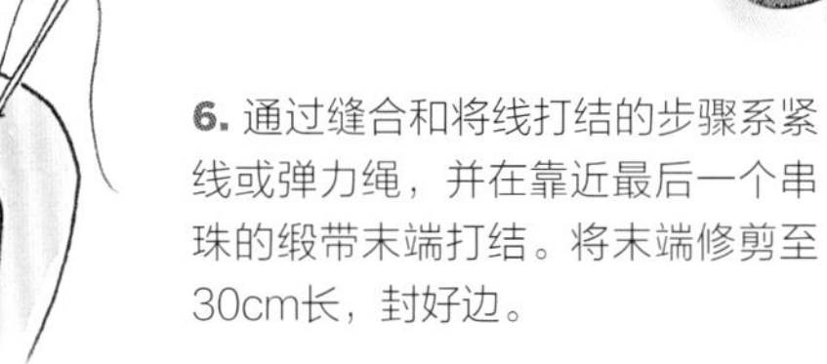

4. 在针上再穿1个珠子，将缎带包裹到串珠顶部，这样串珠孔的另一边可以与缎带重合。标记孔的位置，将针穿过2条缎带，通过缝合和将线打结的步骤来固定缎带。

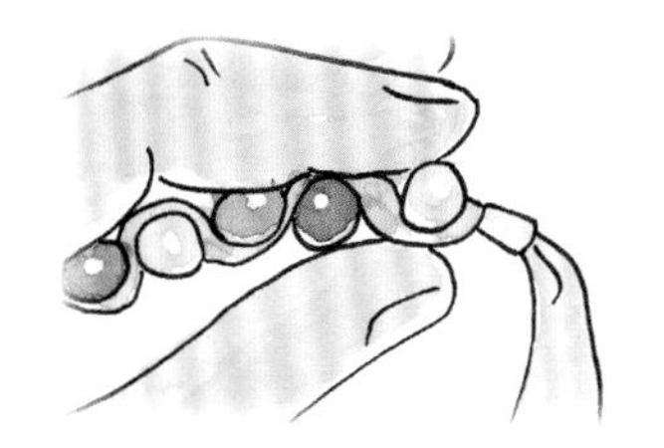

5. 剩下的38个串珠重复步骤3~4的做法。

6. 通过缝合和将线打结的步骤系紧线或弹力绳，并在靠近最后一个串珠的缎带末端打结。将末端修剪至30cm长，封好边。

7. 佩戴的时候，用第28页所示的鞋带结的系法将项链系在脖子上。

请准备好：

- ❖ 178cm长、13mm或16mm宽的缎带
- ❖ 178cm长、10mm宽的缎带
- ❖ 能够穿进串珠孔并能穿得上串珠绳的带孔针
- ❖ 90cm长的串珠线或弹力串珠绳
- ❖ 烙画笔、打火机或锁边液
- ❖ 气消笔或水溶性马克笔
- ❖ 40个13mm直径的大孔串珠
- ❖ 剪刀

第三章

经典包装设计

蝴蝶结之于礼物包装，如同糖霜之于蛋糕。不要只是把礼物包起来，用缎带来装饰它吧！此章节将介绍一些缎带装饰的制作方法，这些装饰会让礼物更有吸引力，并让一些特殊场合看起来更有氛围。

24 球形结

球形结大而宽，在任何包装上都能呈现出戏剧效果。试试将2个球形结叠加使用，会让你的包装更有魅力！

操作难度：中级　**结的尺寸**：20cm

请准备好：

- ❖ 4.5m长、40mm宽的夹金属丝缎带
- ❖ 大约2.7m长、22mm宽的夹金属丝缎带或无金属丝缎带（可选）。
- ❖ 4个夹子
- ❖ 剪刀
- ❖ 20cm长、15cm宽的卡纸或泡沫板
- ❖ 25.5cm长、直径0.4mm的金属丝1条（如果要做可选结，请准备2条金属丝）

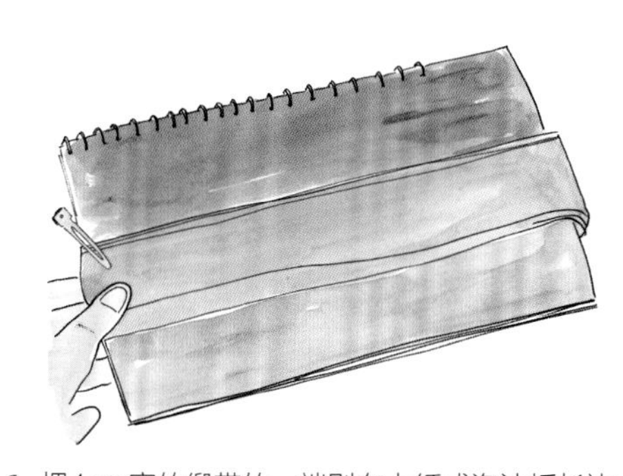

1. 把4cm宽的缎带的一端别在卡纸或泡沫板长边的顶端边缘，留出5cm的长的“尾巴”。缎带围着长边绕6~10次（可包住尾部），最后在背面结束并再留出5cm的“尾巴”。

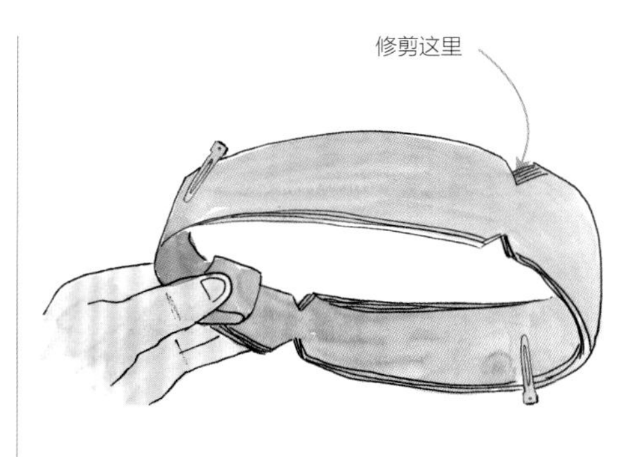

3. 在缎带环折叠处的4个角仔细地剪出约6mm深的V形，并确保缎带头尾已各留出5cm长的“尾巴”。

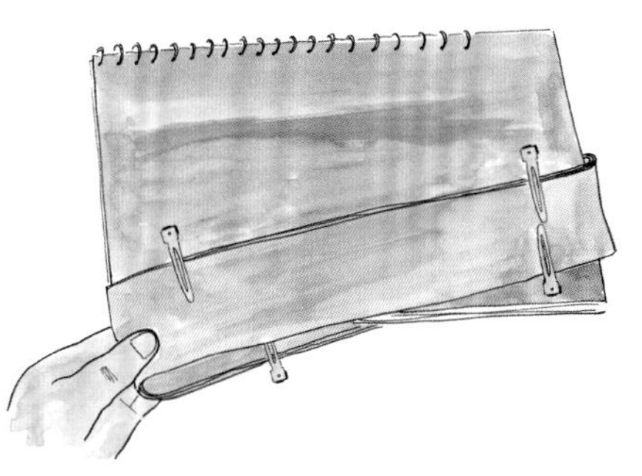

2. 在将裹好的缎带从板上拉下来之前，确保缎带前后都用夹子固定好。

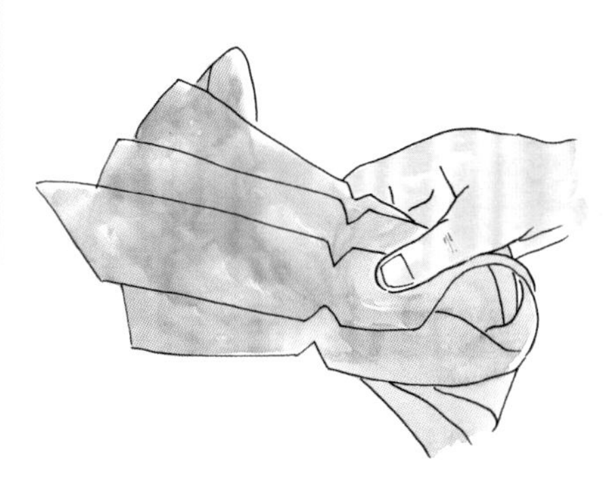

4. 取下夹子并整理一下缎带环，确保已被修剪过的部分整齐排列在中央。

做个迷你结！
做迷你结要使用2.5cm宽的缎带，再用一个小泡沫板让整个结的宽度变成15cm。

用金属丝在中心位置系紧

5. 把缺口中心用直径0.4mm的金属丝裹好，确定两边长度已对齐。最后金属丝尾部要多留出一些。

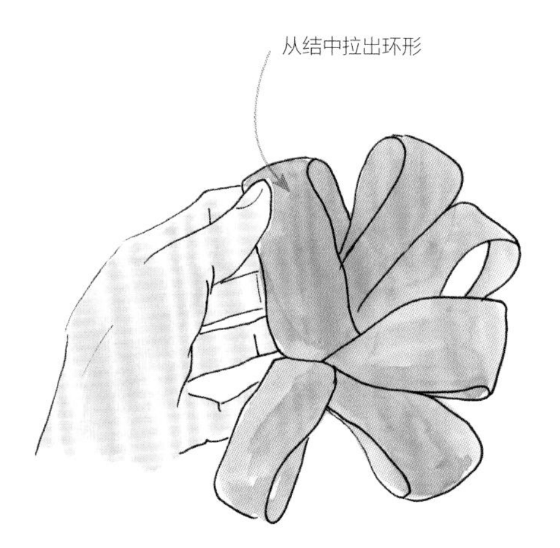

6. 把缎带环从其中一边拉出来，在中心和顶部交替向左右扭转摆放。然后，结的另一端也要重复以上操作。

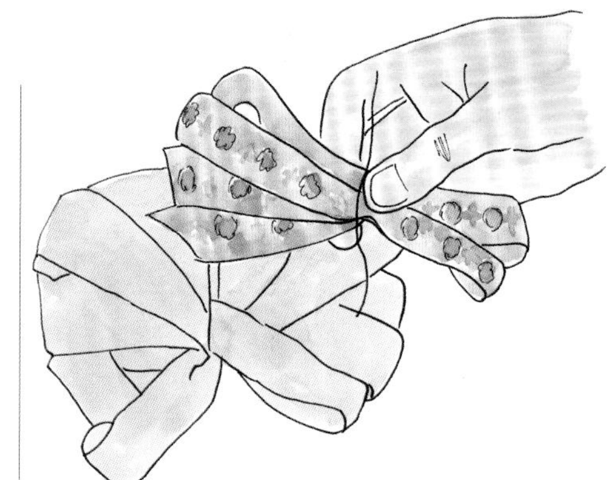

7. 用22mm宽的缎带来做可选结，重复步骤1~6，绕着板子短边只要绕6~8次即可。最后把金属丝尾部绕在底部的结上固定。

25 光辉结

这个大蝴蝶结装饰在任何包装上都是令人惊艳的焦点。这个结是以第30页展示的燕尾服结为基础改进的，做起来不费时。可以使用一种缎带制作，或者用几种相配的颜色来制作。

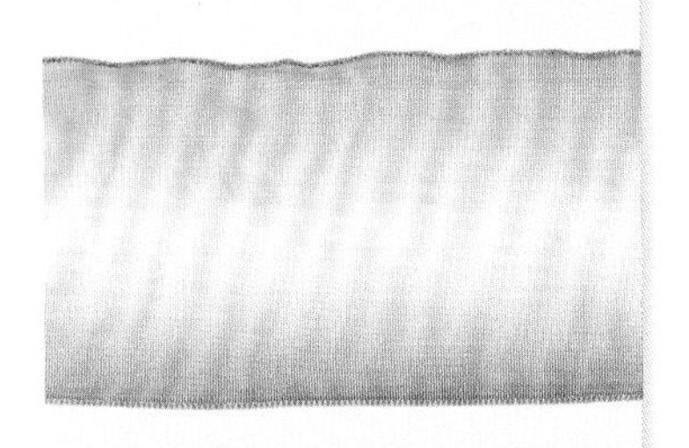

请准备好：

- ❖ 2条46cm长、5cm宽的夹金属丝缎带
- ❖ 2条23cm长、5cm宽的夹金属丝缎带
- ❖ 12.5cm长、5cm宽的夹金属丝缎带
- ❖ 绳绒针
- ❖ 丝光刺绣棉线，一端打结
- ❖ 2条26cm长、直径0.4mm的金属丝
- ❖ 剪刀
- ❖ 烙画笔、打火机或锁边液（可选）
- ❖ 剪线钳

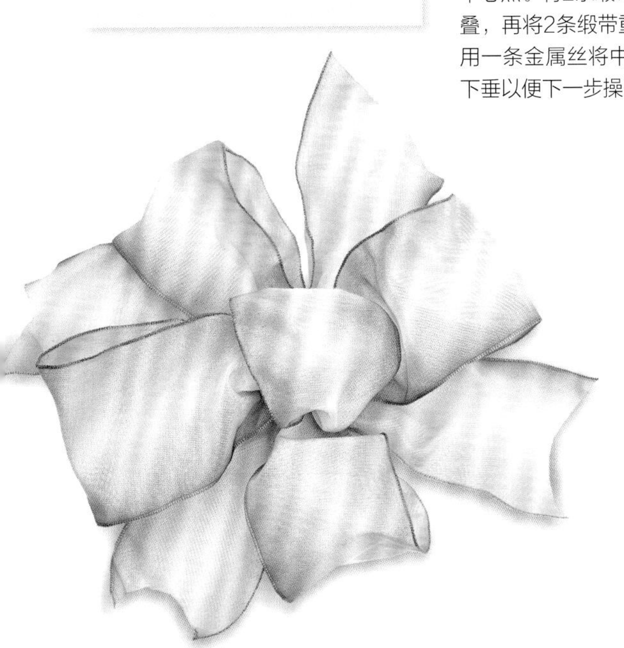

操作难度：初级　结的大小：15cm宽

1. 用2条46cm长的缎带打两个燕尾服结（见第30页）

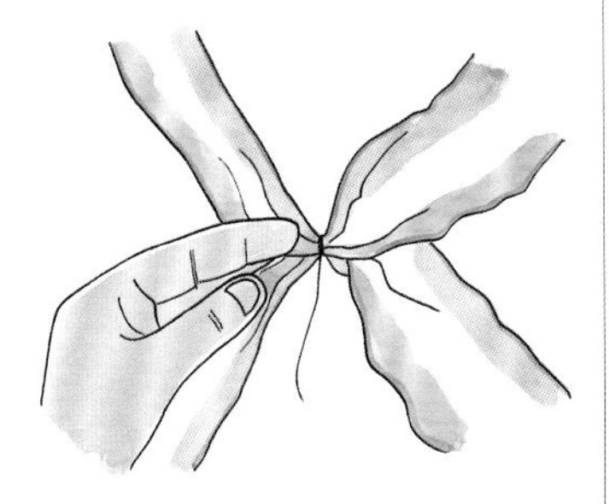

2. 将2条23cm长的缎带对折，找到中心点。将2条缎带都在中心点处折叠，再将2条缎带重叠成“X”型。用一条金属丝将中心缠住，让尾部下垂以便下一步操作。

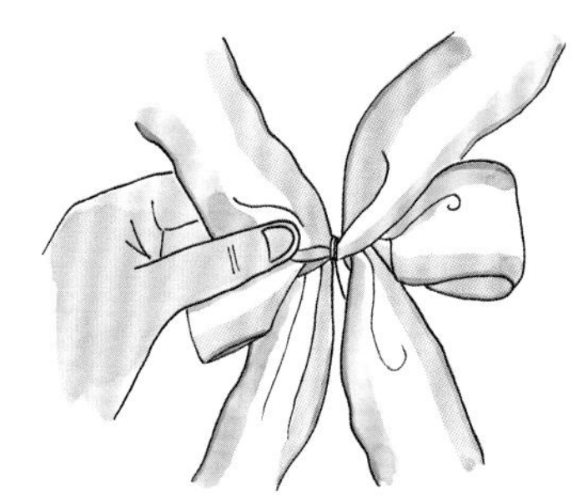

3. 把这个“X”型结放到1个燕尾服结的顶部，用金属丝固定。

4. 再把第2个燕尾服结放在“X”型结的顶部并垂直于第1个燕尾服结。用金属丝加固，剪掉多余的金属丝。

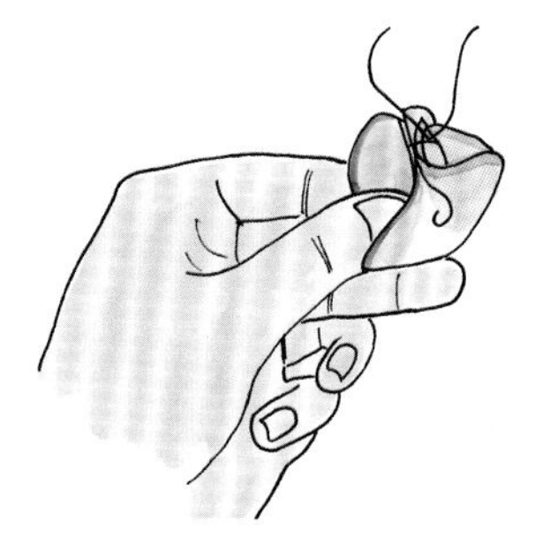

5. 把12.5cm长的缎带卷成一个圈，两头重叠。重叠部分用另一根金属丝固定住。

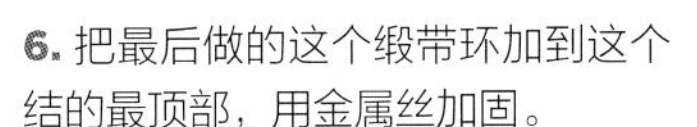

6. 把最后做的这个缎带环加到这个结的最顶部，用金属丝加固。

7. 如果愿意的话，还可以把“X”型尾部的倒V剪处理。参考第18页将结粘到包装盒上。

做个迷你结！

要做迷你结，需用到38mm宽的缎带。剪下2条38cm长的缎带用于燕尾服结，另外2条18cm长的缎带做“X”型结，顶端的缎带环尺寸不变。

26 一字环形结

这个结是最容易制作的包装结之一。如图所示，它可以用金属丝固定，也可以缝制固定。

操作难度：初级　**结的大小**：不限

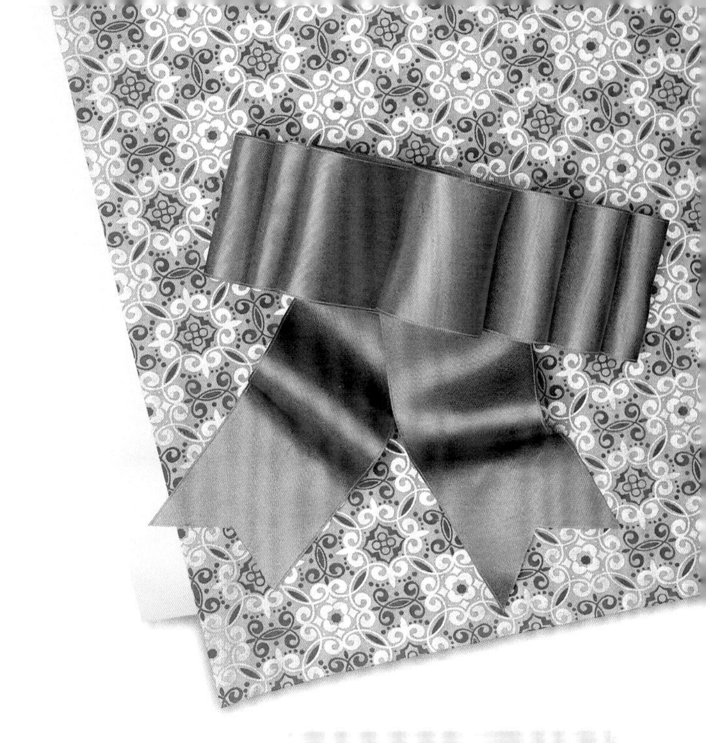

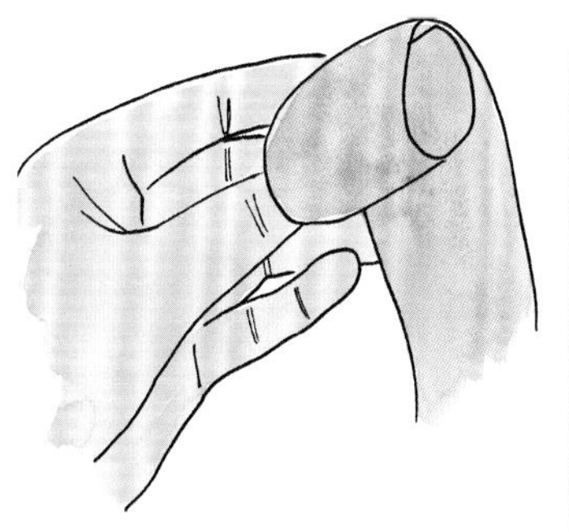

1. 把缎带一边卷成个圈，确保重叠部分足够后续金属丝固定。

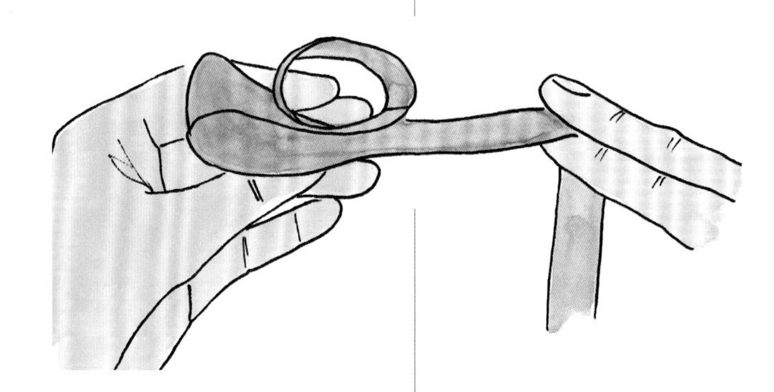

2. 紧紧捏住做好的圈，把一边的长长的尾部拉直，再向内反方向卷起，做出第2个环。

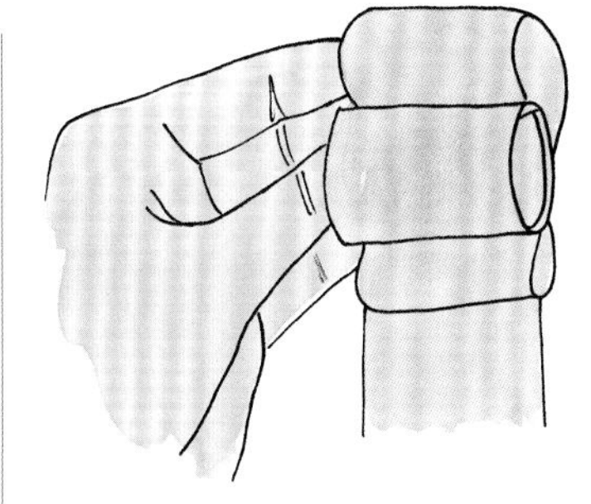

3. 重复步骤2，在圈的另一边做出一个大小相同的环。

双面设计

如果你想让缎带两边有所不同，就在缎带上下折叠之前将其在底部扭转。虽然这有点难，但是这样处理过的结会非常好看。

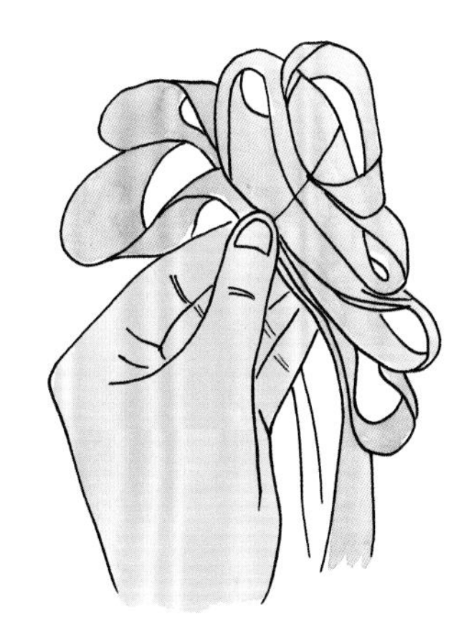

4. 继续把缎带向内向外折，直到环的数量达到你的要求。把中心用金属丝加固，或者用针缝住，打结，再修剪掉尾部多余的部分。若需要，可将缎带尾部封边。

请准备好：

- ❖ 1.4m长的双面缎带，宽度从2.2cm到5cm均可
- ❖ 26cm长、直径0.4mm的金属丝
- ❖ 缝针和缝线
- ❖ 剪刀
- ❖ 烙画笔、打火机或锁边液（可选）

27 双风车结

这种结花朵一般的外观令人惊叹，使包装带有清新的春夏气息。

操作难度：中级 **结的尺寸**：15cm

请准备好：

- 91cm长、40mm宽的夹金属丝缎带
- 69cm长、16mm宽的夹金属丝缎带
- 12.5cm长、40mm宽的夹金属丝缎带，打结
- 剪刀
- 烙画笔、打火机或锁边液
- 2个鸭嘴夹
- 20cm长、直径为0.4mm的金属线
- 热熔胶枪及胶棒

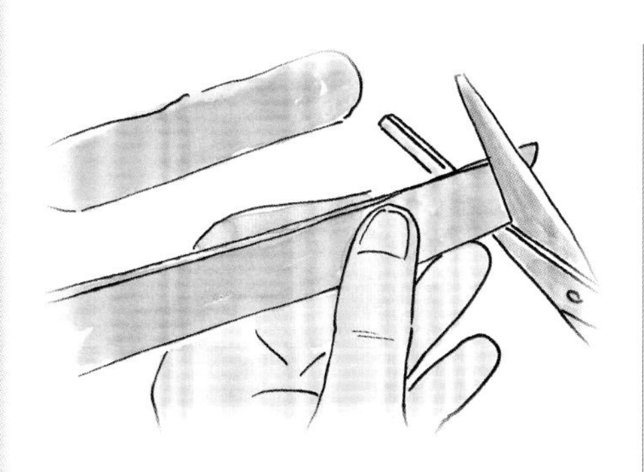

1. 将40mm宽的底部缎带剪成6个15cm的小条，将16mm的顶部缎带剪成6个11cm的小条。用倒V剪法修剪末端并封好边。

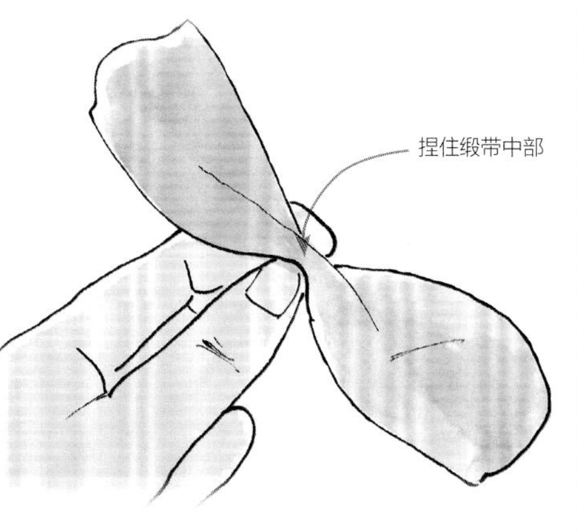

2. 将所有缎带对折，找到中心。展开其中一条底部缎带，垂直捏住中部。

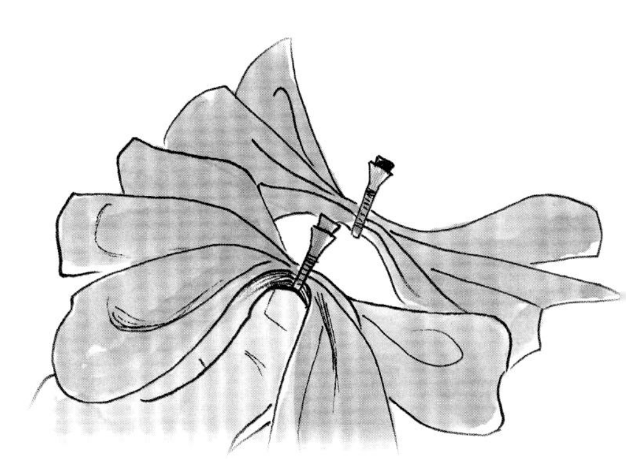

3. 另外取2条底部缎带，如法炮制，后将它们和第1条底部缎带放在一起。将3条缎带用一个夹子固定起来。重复以上步骤，你将得到2束固定好的底部缎带，每束3条。

4. 取下2束缎带上的夹子，将6根缎带捏在一起，中部用直径0.4mm的金属丝扎好，金属线末端从缎带结的顶部伸出。

5. 顶部缎带结也按步骤2~4制作，但不需用金属线捆扎。将顶部缎带结放在底部缎带结之上，用底部缎带结上伸出的金属线将二者捆在一起。把金属线绕至缎带结反面，扭转固定。

6. 将打了结的中心缎带粘在结的中部，把其尾部缠绕于风车结的中央。根据需要修剪中心结的尾部并将其粘在风车结背面。调整风车结的顶部及底部缎带使其对称。

28 经典包装结

经典包装结有十个环，可用任何无金属丝的缎带来制作。从单面罗缎开始做起是最简单的，因为可以看到这些环做得是否正确！

请准备好：

- ❖ 1.4m长、22mm或者25mm宽的单面罗缎或绸缎
- ❖ 烙画笔、打火机或锁边液（可选）
- ❖ 水溶性马克笔
- ❖ 4个长珠针
- ❖ 适于钉珠针的表面，如熨衣板或是几层毛毡
- ❖ 鸭嘴夹
- ❖ 缝针
- ❖ 缝线，双股并于尾端打结
- ❖ 剪刀

操作难度：高级　**结的尺寸**：10cm

1. 若需要的话，将缎带的一端封边，在离这端15cm处做个标记。

2. 将3个珠针插入毛毡或者熨衣板中，形成一个等边三角形，每条边长9cm。使2个珠针的连接线平行于工作平面的底部，第3个珠针插在顶部，形成一个尖端。

3. 找到你刚刚在缎带上做的标记，将标记与顶部的珠针放在一起，缎带正面朝上。从缎带尾部插入第四个珠针固定住尾部——给缎带打环的过程中不会用到这个珠针。

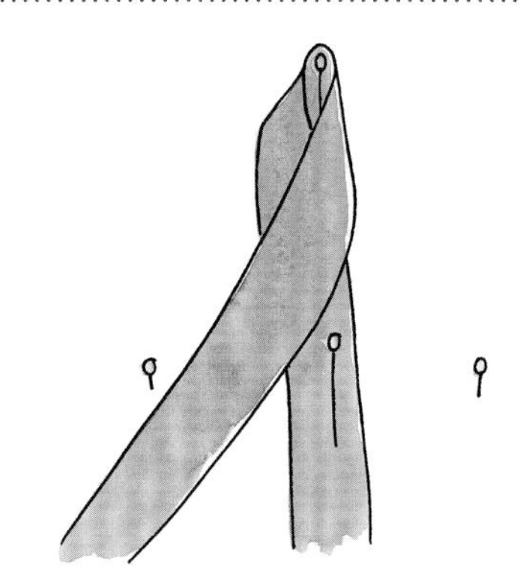

4. 绕着顶部的珠针将缎带从左至右打环，使缎带朝向左边的珠针，在打环的过程中不要扭转缎带。

5. 将一根手指放入珠针形成的三角形中间，绕着左边的珠针从下到上将缎带打成环状，使缎带尾部朝向右侧，用手指将其固定。

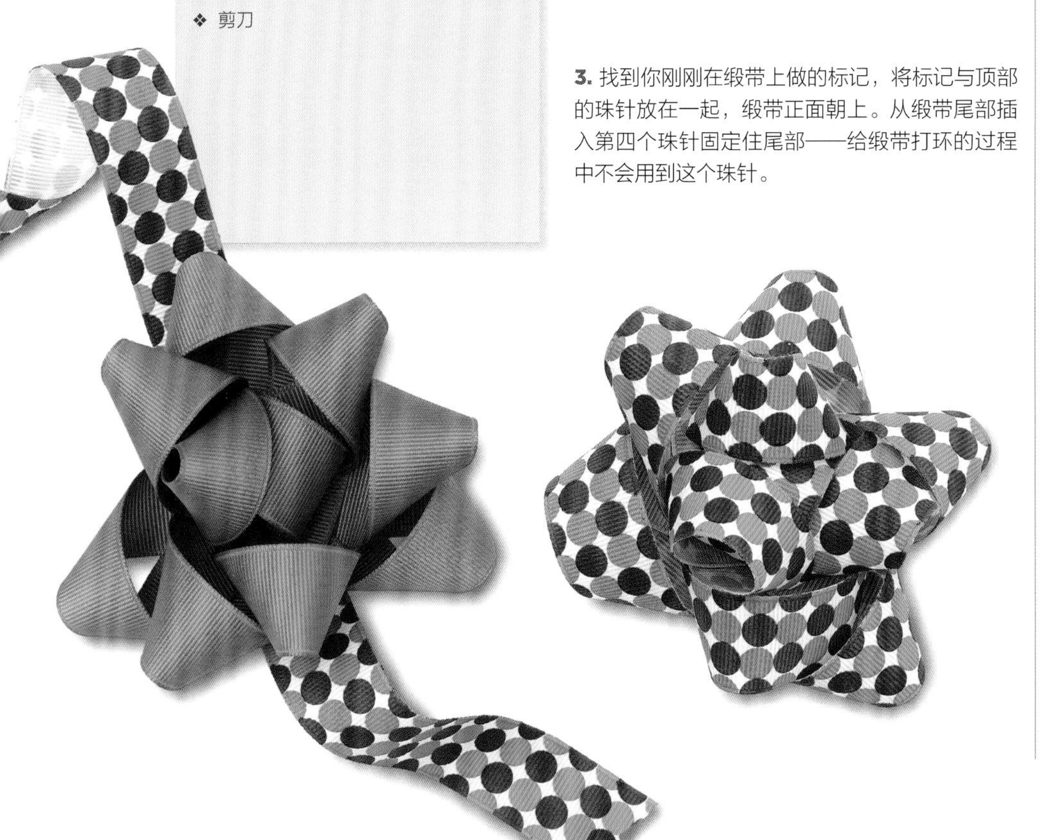

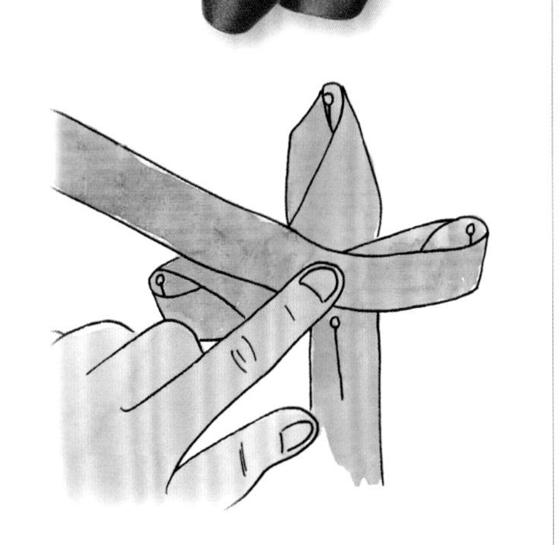

6. 将缎带绕着右边的珠针由上至下打环，使其尾部朝向顶端的珠针。

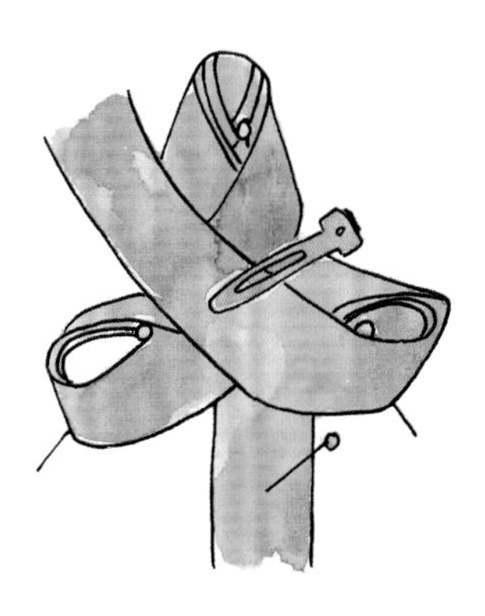

7. 将夹子夹在中部，固定这3个环。再重复步骤4~6两次，这时每个珠针上都有3层环。结的底部朝上。

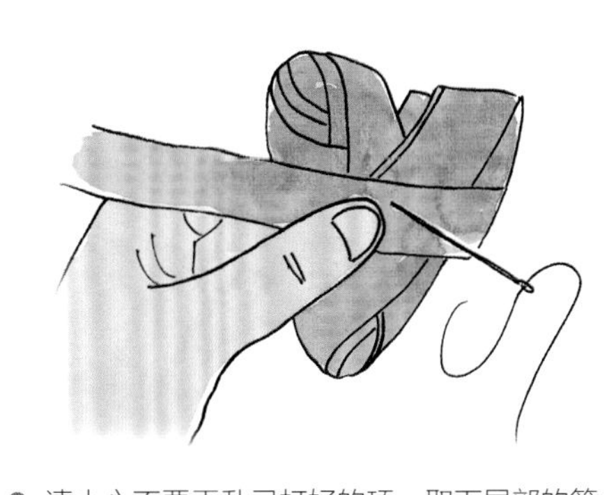

8. 请小心不要弄乱已打好的环，取下尾部的第一个珠针，一只手捏住结，另一只手拿针从结的中心穿过，确保每一层都用针线穿过。

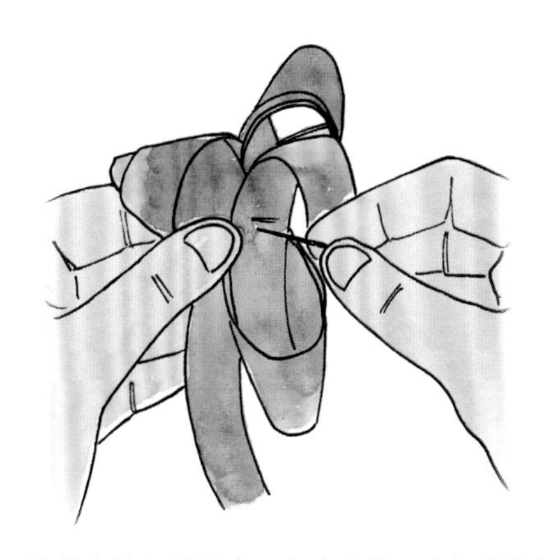

9. 将整个结翻转过来，在中心缝一个细小的针脚，使结上的环能轻松转动。留出缎带尾部。

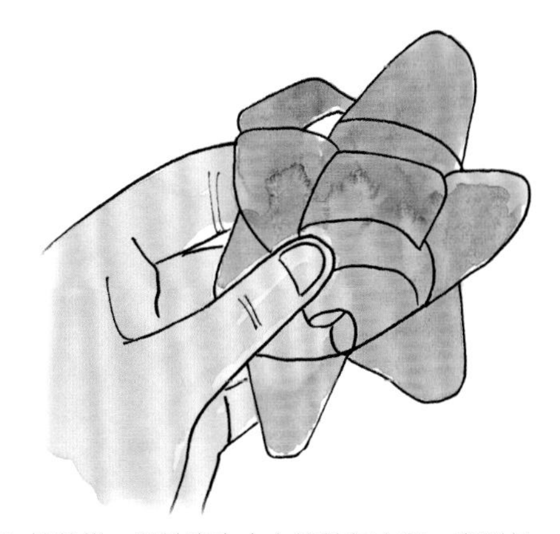

10. 拉紧线，以针脚为中心旋转每个环，直到包装结左右对称。

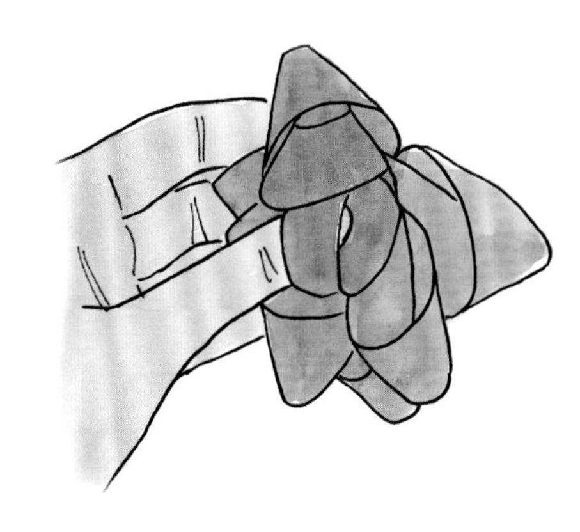

11. 将结的尾部打成环，缝在包装结正面的中心，从背面把线头打结系牢。

12. 修剪背面剩余的缎带尾部，按需要封好边。

制作俏皮小结

需要用到16mm宽的缎带，将3个珠针间隔8cm放置。如果打算多做几个小结，需使用木板和3个相同间隔的木棒取代珠针制作。

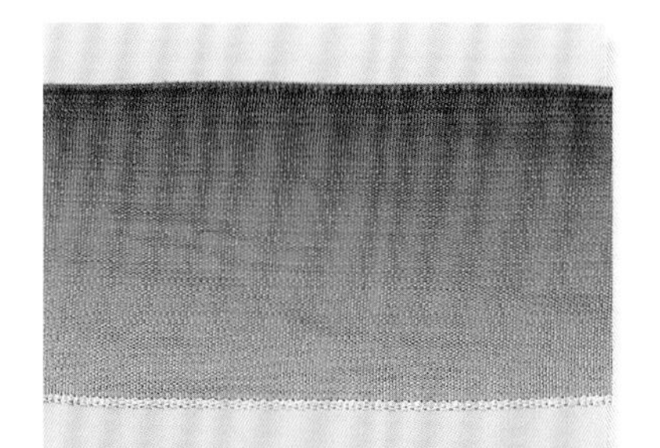

29 花匠结

自己亲手制作的九环花匠结会使你的花束看上去独一无二。这种结步骤简单、制作便捷，用同一种方法可以制作出不同大小的花匠结。

请准备好：

❖ 1.8~2.7m长、38~76mm宽的双面夹金属丝缎带

❖ 剪刀

❖ 直径为0.4mm的金属线共25cm

难度等级：初级　**结的尺寸**：不限

1. 首先考虑这个结想要做多宽，将这个数字乘以十。然后想好结的尾部留多长，将这个数字乘以二。将这两个数字相加，剪下稍微比总数长一些的缎带以便预留出折叠的空间。

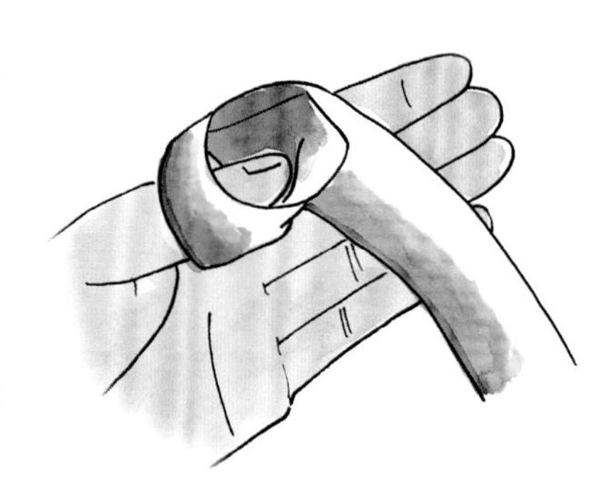

2. 把缎带的一边卷成直径为2.5~5cm的圈——如果要做很大的结，这个圈就再大些——头尾重叠起来。

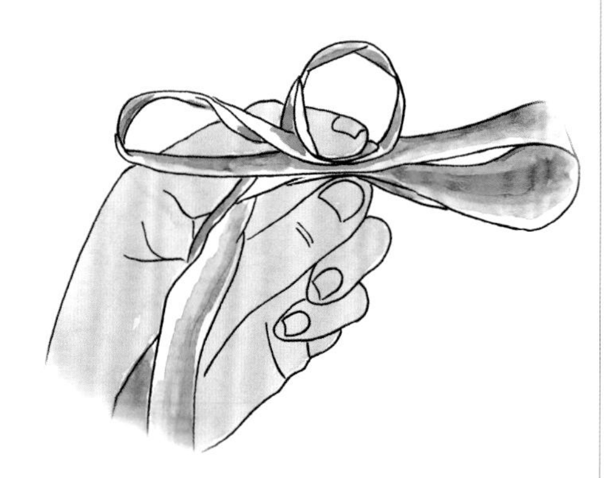

3. 与第65页一字环形结的做法一样，在这个圈的左边打一个环，大小是需要做的结最终宽度的一半。右边也如法炮制。

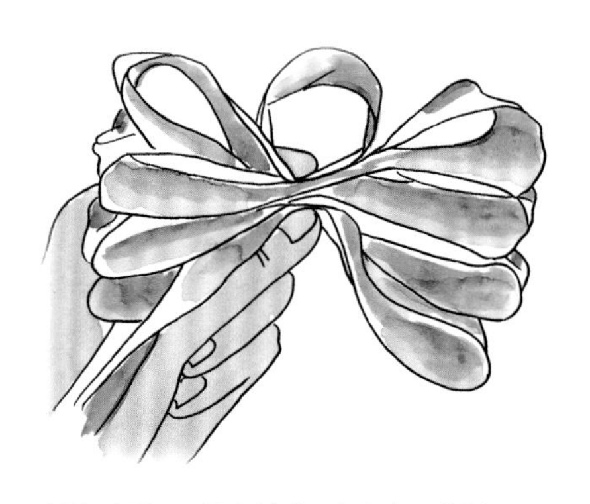

4. 重复步骤3，使每边有4个大小一样的环。

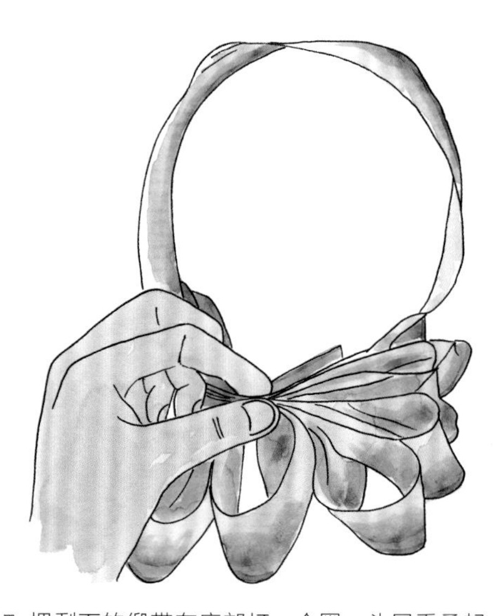

5. 把剩下的缎带在底部打一个圈，头尾重叠起来，这圈就是结的两条尾巴了。

给缎带添加一些变化

尝试使用单面或印花缎带！在向左右两边打环的时候将缎带在背面扭转半圈，或者是在修剪时多留一些长度。

6. 用金属线串过顶部和底部的圈，紧捏住中部。

7. 一只手捏住环，另一只手捏着金属线，把结连续朝自己的方向翻转数次，而不是只拧金属线，这样金属线就会牢牢拧紧了。

8. 向不同方向拉出环，直至形成一个完整的圆。使所有的环都朝向自己，这样结的背部就几乎平整了。

9. 将底部的圆圈对折，找到中心。沿着这条折痕剪开，如果有必要的话可以将剪开的缎带尾端修剪成V字形。

30 扇形结

这种扁平风格的结与贺卡或者小包装是绝配。制作扇结形最好使用较窄或者中等宽度的夹金属丝缎带。

难度等级：初级 **结的尺寸：**9~10cm

请准备好：

❖ 127cm长、16mm宽的夹金属丝缎带
-或-
❖ 152cm长、19~25mm宽的夹金属丝缎带

❖ 鸭嘴夹

❖ 剪刀

❖ 25cm长、直径0.4mm的金属线

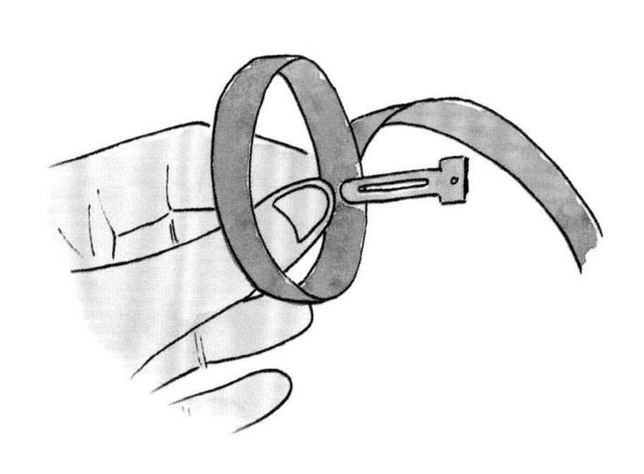

1. 把缎带的一边卷成直径为4~5cm的圈，头尾重叠。用鸭嘴夹固定住圈。

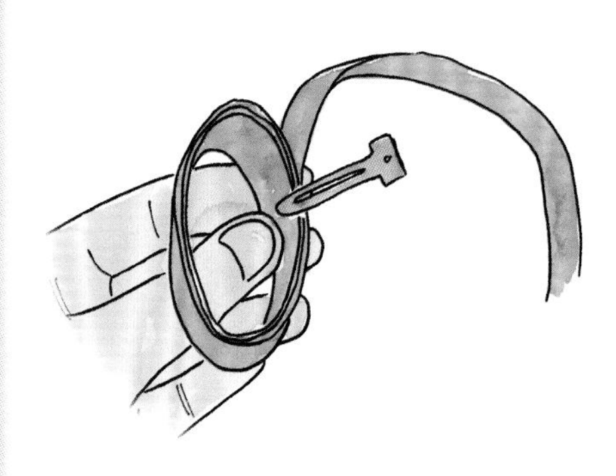

2. 将缎带绕着刚才的圈，再绕6层，保持齐整，将所有的圈夹在一起。

3. 接着在反方向绕第8个圈，这个圈的大小是刚才那些圈的2倍。比如，之前的圈的直径若为5cm，那么第8个相反的圈直径就为10cm。这个圈就是结的双尾。与中心部分重叠，剪掉多余的缎带。

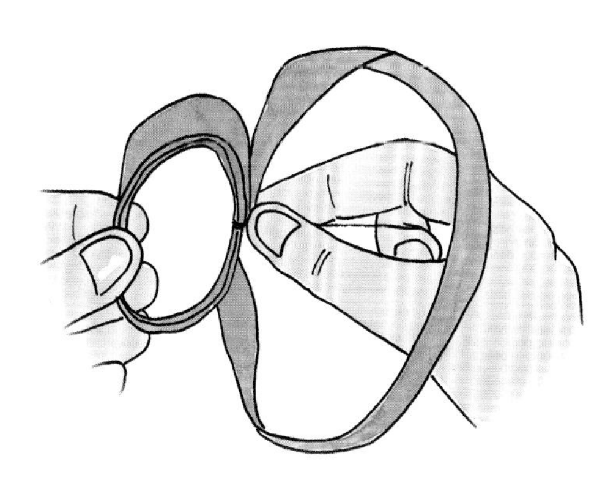

4. 用金属线串过顶部和底部的圈，紧捏住中部。一只手捏住环，另一只手捏着金属线，把结连续朝自己的方向翻转数次，而不是只拧金属线，这样金属线就会牢牢拧紧了。

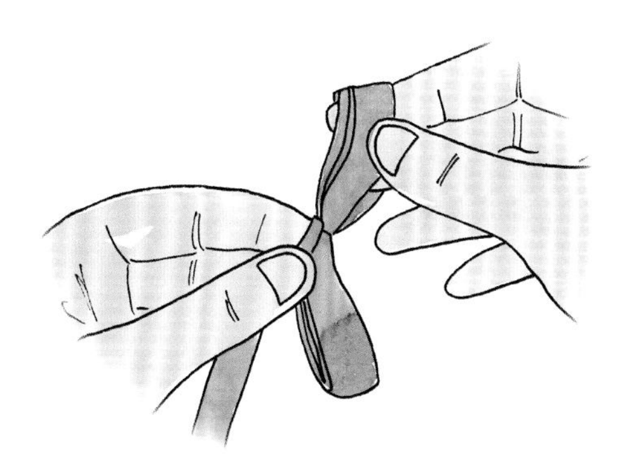

5. 将顶部的一束环折成平面状，使平面朝向自己。

6. 从左向右拉出环，形成扇形。把底部的环折一下找出中心。沿着折痕剪开，如果需要的话可以将剪开的缎带尾部修剪成V字形。

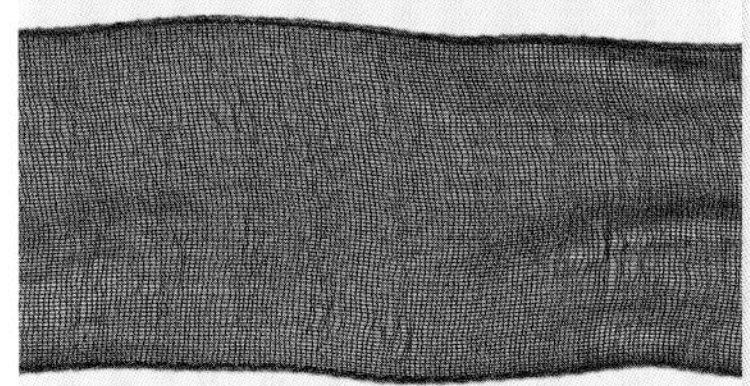

31 双层包装结

此结与第70~71页的花匠结十分相似，但没有中心环，而且使用了2条缎带，所以看上去色彩丰富。

难度等级：中级 **结的尺寸：**不固定

请准备好：

- ❖ 2种1.8~2.7m长、38mm宽的不同颜色的夹金属丝缎带
- ❖ 剪刀
- ❖ 鸭嘴夹
- ❖ 25cm长、直径0.4mm的金属线

1. 想一下你想把这个结做得多宽，将这个数字乘以9。考虑好你想把结的尾部留多长，将这个数字乘以2。将这两个数字相加，剪下稍微比总数长一些的缎带，以便预留出折叠的空间。

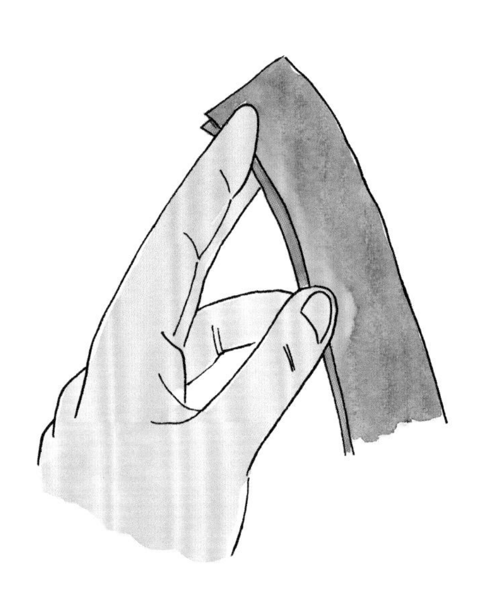

2. 将一条缎带放置在另一条的上面，制作结的过程中都要捏紧这两条缎带。

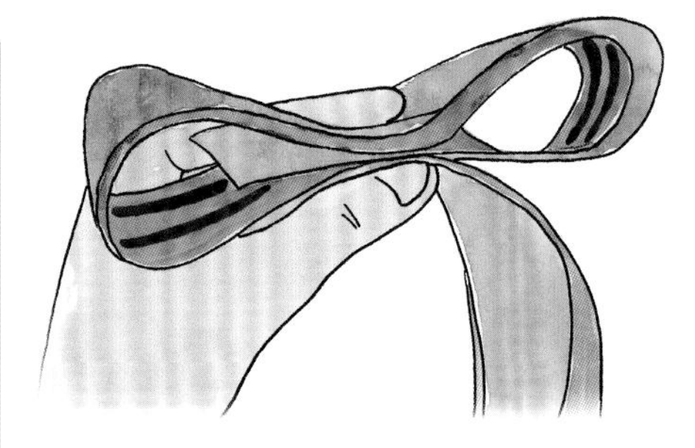

3. 将两条缎带的尾部捏在一起，在左边做出一个环，环的宽度是结的一半。右边也如法炮制。

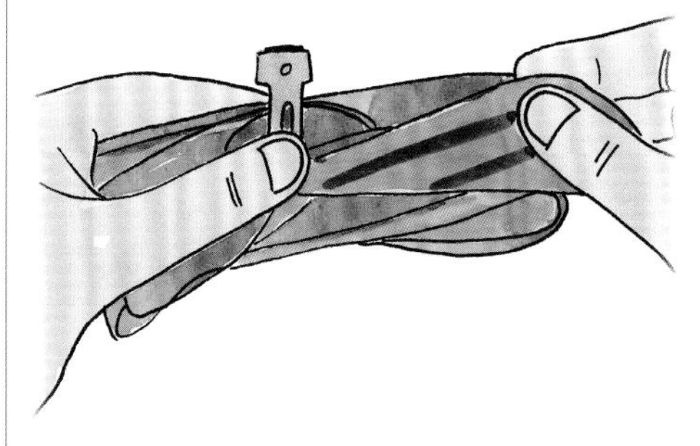

4. 用鸭嘴夹夹住中心部分。在往左或往右打另外一个环之前，将缎带在结的底部扭半圈，这样同样花纹的缎带都会朝上。

5. 重复步骤3，使每一边都有4个同样大小的环。

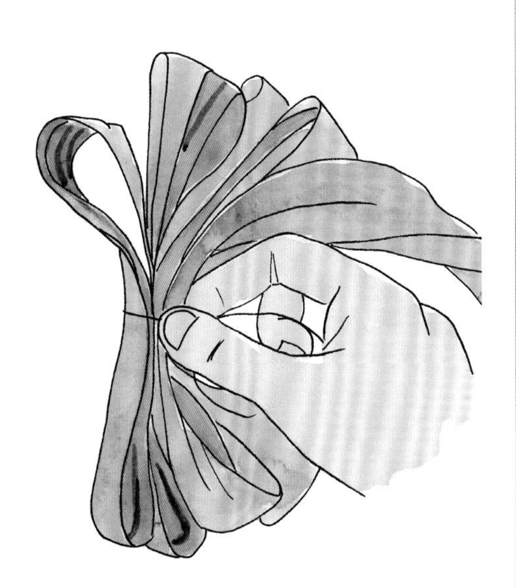

6. 拿掉夹子，用金属线绕住结的中心，捏紧。

7. 不必缠绕金属线本身，只需一手抓住环，另一只手紧紧地握住金属线，将结朝着你自己的方向扭转数次，这样金属线就会牢牢拧紧了。

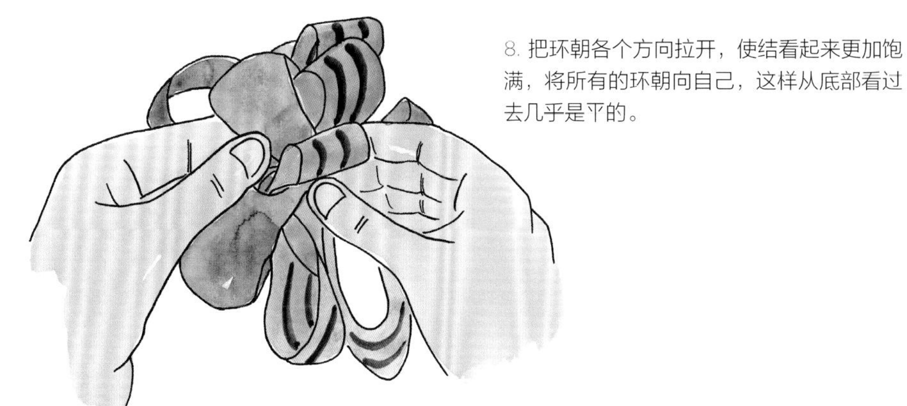

8. 把环朝各个方向拉开，使结看起来更加饱满，将所有的环朝向自己，这样从底部看过去几乎是平的。

32 长凳结

这款修长而细窄的结常常被系在教堂的长凳上，看上去十分漂亮。用白色和其他的强调色混合，以配合不同的场合。

难度等级：中级 **结的尺寸：**18cm宽，53cm长

请准备好：

- ❖ 2.7m长、57mm宽的白色或象牙白夹金属丝缎带
- ❖ 1.4m长、38mm宽的夹金属丝或无金属丝缎带
- ❖ 61cm长、直径0.4mm的金属线
- ❖ 热熔胶枪和胶棒
- ❖ 剪刀

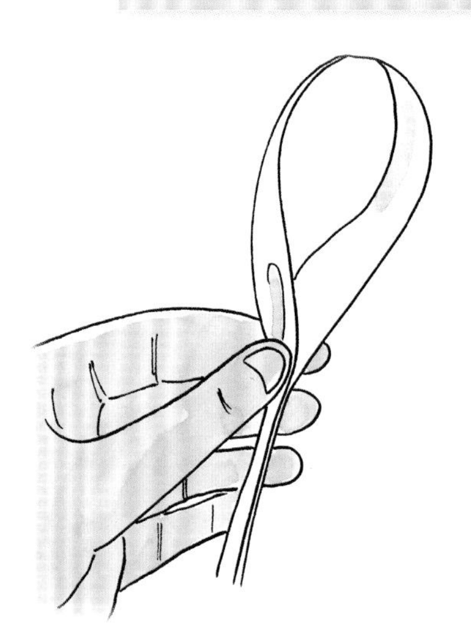

1. 手持57mm宽的缎带，留出46cm长的尾部，制作1个长12.5cm的环。这是结顶部4个环中的一个。

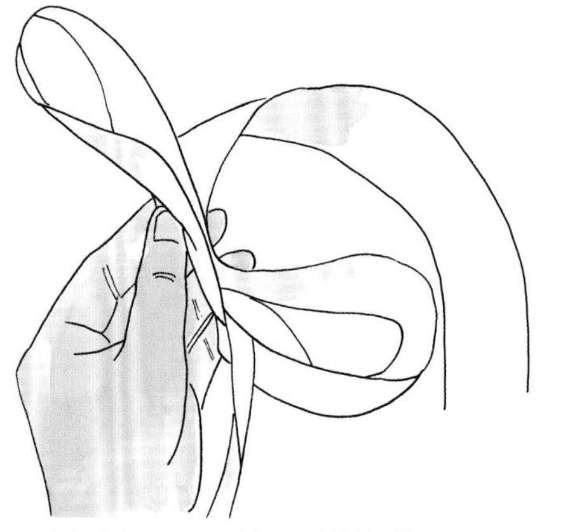

2. 再做1个长12.5cm的环，使其和第一个环位置相反，位于结的底部。如果缎带是单面的，在做每个环之前将其扭半圈，这样缎带有图案的一边就会朝外。

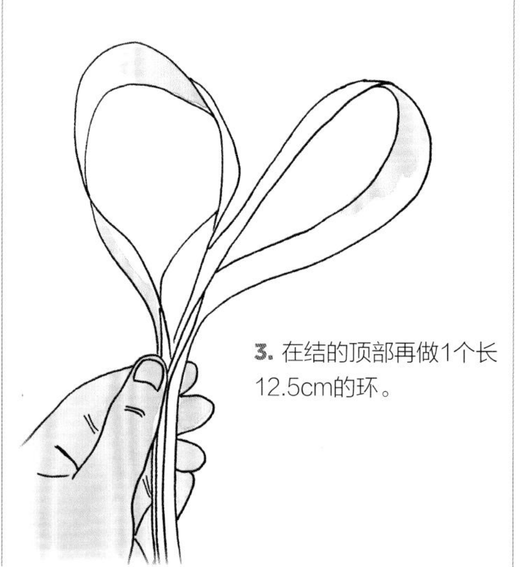

3. 在结的顶部再做1个长12.5cm的环。

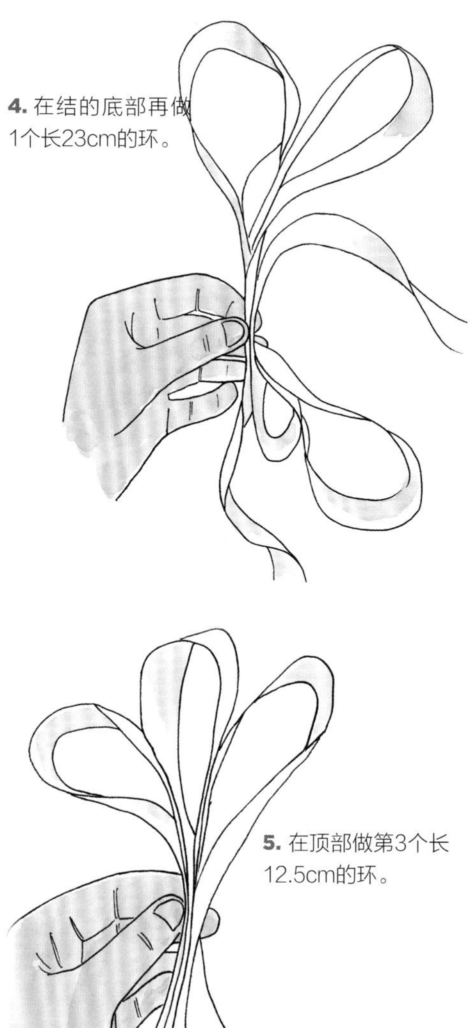

4. 在结的底部再做1个长23cm的环。

5. 在顶部做第3个长12.5cm的环。

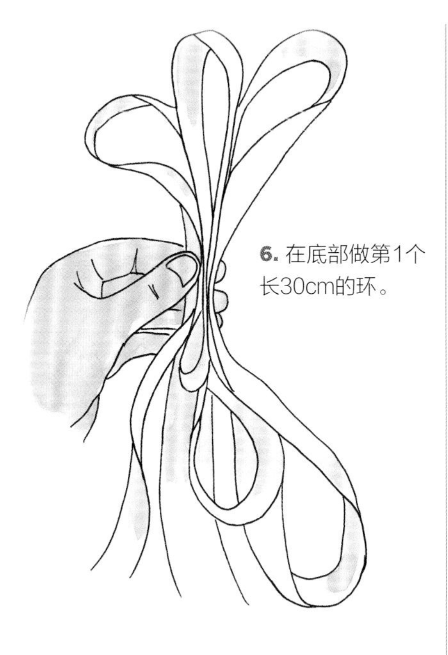

6. 在底部做第1个长30cm的环。

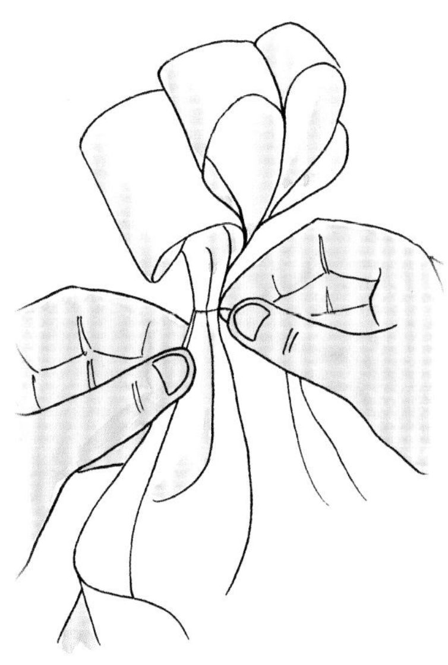

8. 在底部和顶部环之间用金属线缠绕，向中心压紧。

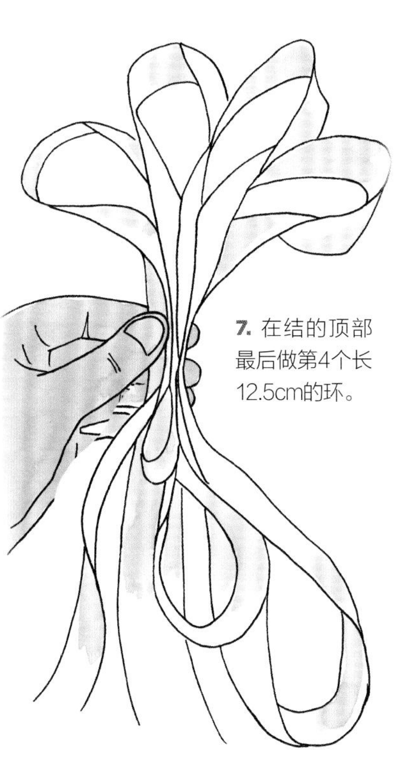

7. 在结的顶部最后做第4个长12.5cm的环。

9. 不必扭转金属线本身，只需一手抓住环，另一只手紧紧地握住金属线，将结朝着自己的方向扭转数次，这样金属线就会牢牢拧紧了。

10. 使用38mm宽的缎带在顶环和底环之间打一个鞋带结（见第28页），将金属线在前方藏好。使用热熔胶将这个结与第1个结粘合，这样它就不会滑落了。

11. 修剪所有的尾部，留长一些，如果需要的话，可将尾部剪成V型。

33 芬兰雪花结

请准备好：

- ❖ 12根30cm长、6mm宽的罗缎
- ❖ 烙画笔、打火机或锁边液
- ❖ 胶棒
- ❖ 热熔胶枪和胶棒
- ❖ 剪刀
- ❖ 尺子或网格垫（推荐）

这原本是一种纸艺手工，现在改用缎带重塑！缎带雪花结是将2根缎带粘在一起制作的，因此十分硬挺。加根线就可以将其挂在圣诞树上或者窗框上了。

难度等级：中级　**结的尺寸：**约12.5cm

1. 将所有缎带的末端封好边。

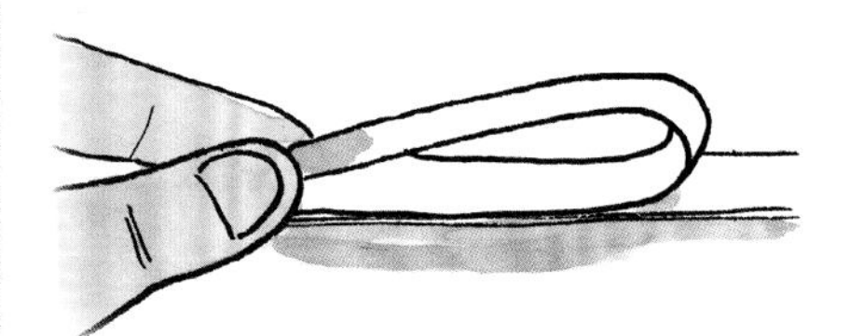

2. 将等长的2条缎带重叠放置，用胶棒粘合在一起，每次用胶棒粘一小部分——如果先将胶水涂到整条缎带上，胶水会干掉。除了这步之外其他的粘合均使用胶枪。

3. 重复步骤2直到做出6条双面缎带。将所有的缎带对半剪开，得到12条15cm长的缎带。封好末端的边。

4. 将6根缎带放在一边备用。雪花结是将两个相同形状的雪花粘在一起制作成的。

5. 将2条缎带十字交叉，水平缎带放置于垂直缎带上。找到中心点用胶粘合。

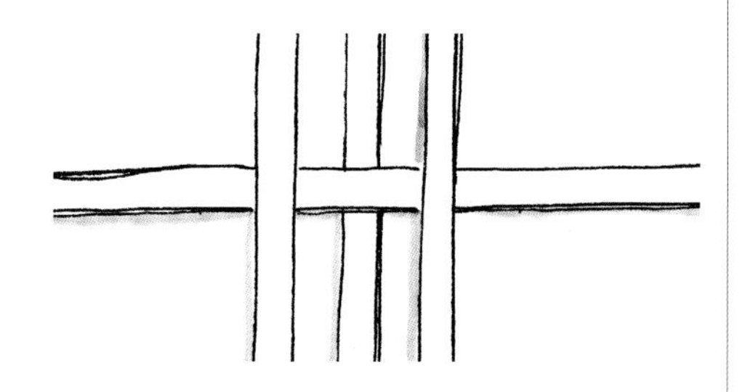

6. 将1根缎带条垂直放置于距离中心缎带左边1.3cm处，在右边同等距离处再放1根缎带条。将2根缎带条放在水平缎带之上，使中心位于一条线上，用胶粘在水平缎带上。

7. 在离中心水平缎带上方1.3cm处水平放置一条新的缎带，在底下同等距离处再放一条缎带。将2根缎带编织在左边垂直的缎带上与中心垂直缎带下，再穿过最右边缎带的上方。在每个交叉点用胶粘住。

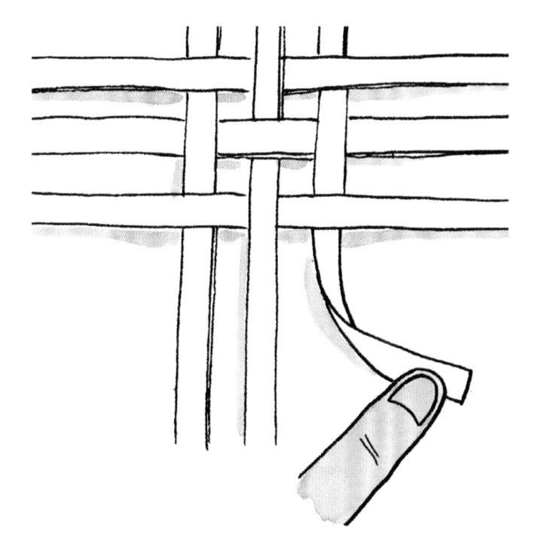

8. 将右侧的垂直缎带底部翻转，正面朝着桌子，角度朝上。

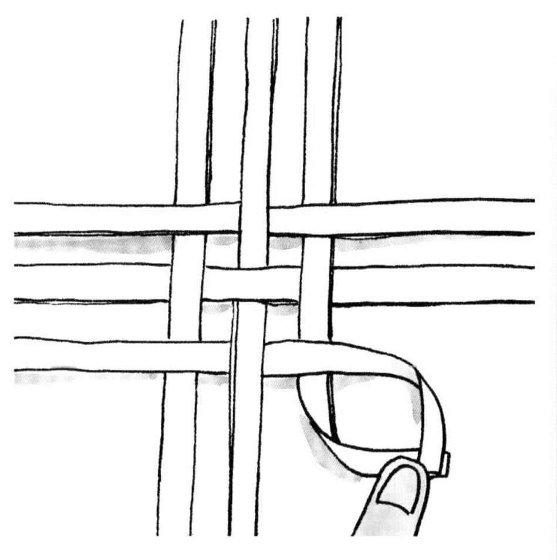

9. 将下方的水平缎带底部翻转，使缎带的末端与上一步翻转过的缎带垂直相接，用胶粘住。

10. 其他3个角也如法炮制，制成雪花的顶层部分。

11. 将放在一边的6条缎带按照步骤5~10制作成另外一个同样的形状。

12. 连接好的环形呈“勺子”的形状。第1个雪花结，使“勺子”的那面朝上。将第2个雪花结放在第1个雪花结上方，夹角为45°，“勺子”面朝下。一个雪花结的直条缎带需与另一个雪花结上环的尖角对齐。

13. 将直条插入环中，使直条位于“勺子”里面。将所有相交的点的直条粘住，8个点都粘好时，直条粘在与其相邻的环的尖角上，雪花结的顶部和底部就连接好了。

34 格状雪花结

请准备好：

- 20条30cm长、6mm宽的罗缎丝带
- 烙画笔、打火机或锁边液
- 热熔胶枪和胶棒
- 剪刀
- 水溶性马克笔
- 尺子或网格垫（推荐）

这款雪花结以第78~79页中的雪花结制作技巧为基础，设计精巧，与上述雪花结制作方法类似，但会用到更多缎带条，来呈现更复杂的效果。

难度等级：中级　**结的尺寸：**约12.5cm

1. 将所有缎带末端封好边。

2. 按照第78页的2~3步骤2、3制作10根双面缎带。将缎带条对半剪成20根15cm长的缎带。封好末端的边。将10根缎带条放在旁边备用。

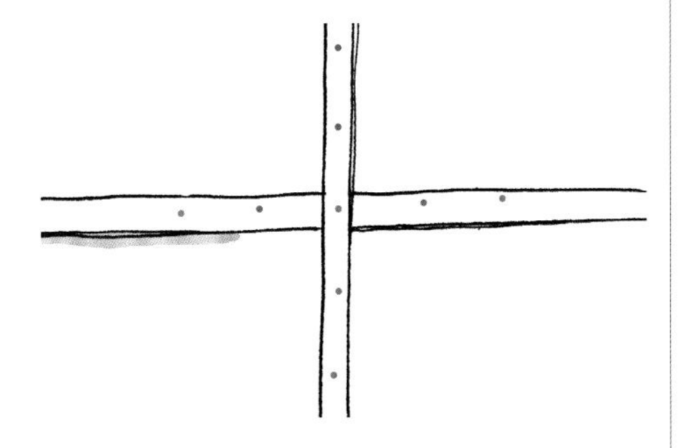

3. 将2根缎带条摆成十字形，找到中心用胶粘住。在中心点进行标记，然后在中心点的两边1.3cm处各做1个标记，每边2个，一共4个标记。

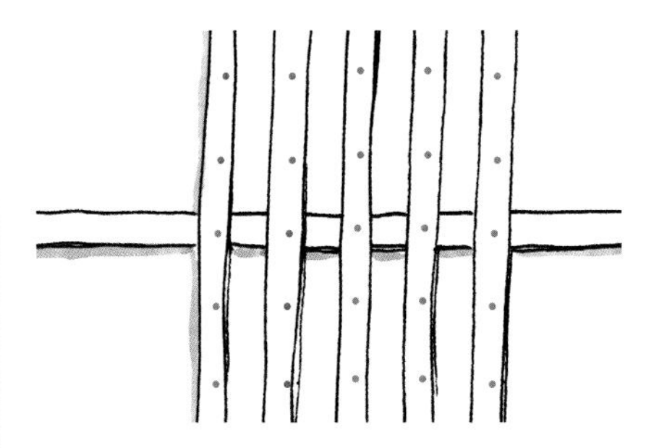

4. 标记出另外4条缎带的中心，并将其垂直放置在步骤3中做过标记的水平缎带之上，用胶水粘住。在每一根新的缎带条上再做4个标记，即在中心点的两边每隔1.3cm处各做1个标记，每边2个。

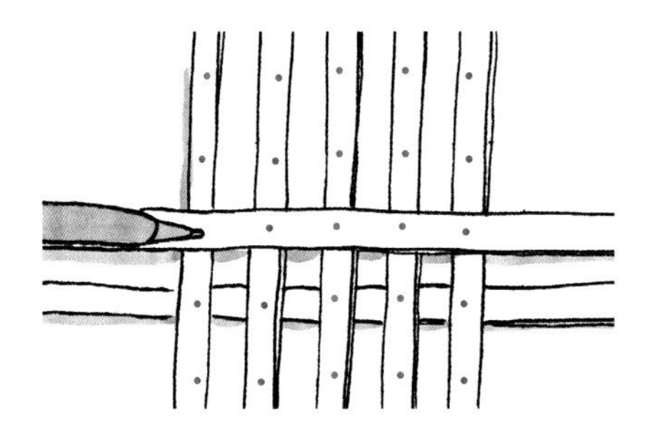

5. 标记另外4条缎带的中心，并将其水平放置在步骤4中做过标记的垂直缎带之上。在交叉处做上一个标记，以便为步骤6粘合做准备。

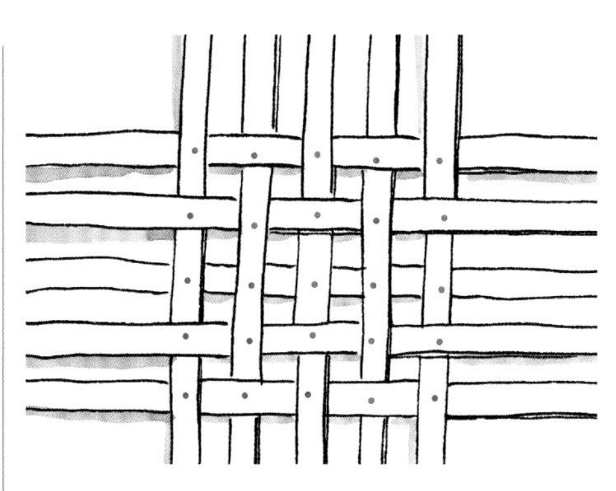

6. 将水平缎带一上一下地穿过垂直缎带，每个交叉点用胶粘住。

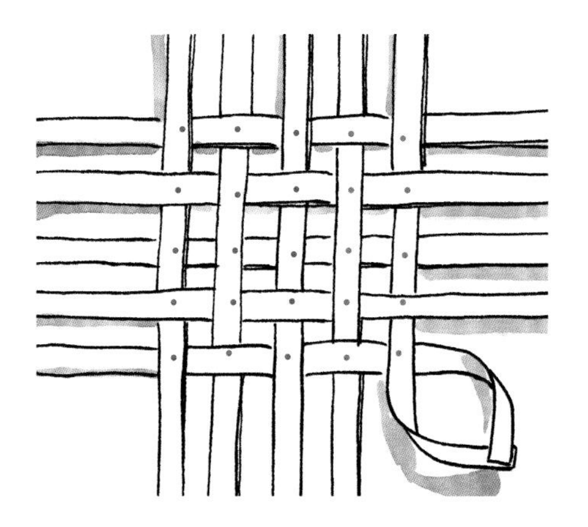

7. 按照第79页的步骤9~10将每个角的水平缎带和垂直缎带的末端翻转并用胶粘住。

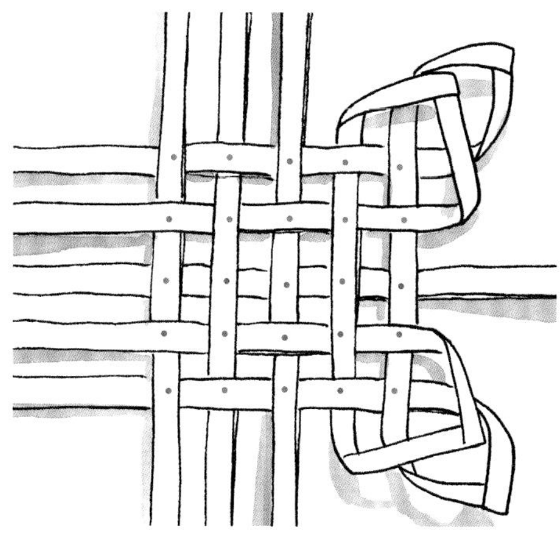

8. 另外一层的水平缎带和垂直缎带重复步骤7的制作手法。

9. 将放置一旁的10根缎带，按照步骤3~6制作另一个相同形状的雪花。最后用少量水清除所有的标记。

10. 按照第79页的步骤12、13，将两层雪花合二为一。

第四章

花结的魅力

缎带花和玫瑰花结能使普通的翻领和手袋焕发新活力。本章可以学习到如何使用简单的手工缝制技巧制作缎带花。大部分作品可以在1个小时之内完成，但是有些耗时的作品则需要几天时间来完成。

35 别致小花

这朵可爱的花儿会让你回忆起儿时所画过的花——一圈圈的花瓣中间是一个可爱的圆形花。这些小花儿可以装在发夹上或者粘在贺卡上。

难度等级：初级 **结的尺寸：**8cm

请准备好：

- 3根不同颜色的90cm长、10mm宽的缎带
- 剪刀
- 烙画笔、打火机或锁边液
- 缝针
- 缝线
- 热熔胶枪和胶棒
- 任意大小的与缎带颜色相配的纽扣

1. 按照以下所示，将每种颜色的缎带裁剪成9根：将第1种颜色的缎带剪成9根9cm长的缎带，第2种颜色缎带裁剪为9根8cm长的缎带，第3种颜色缎带则剪成9根6cm长的缎带。封住末端。

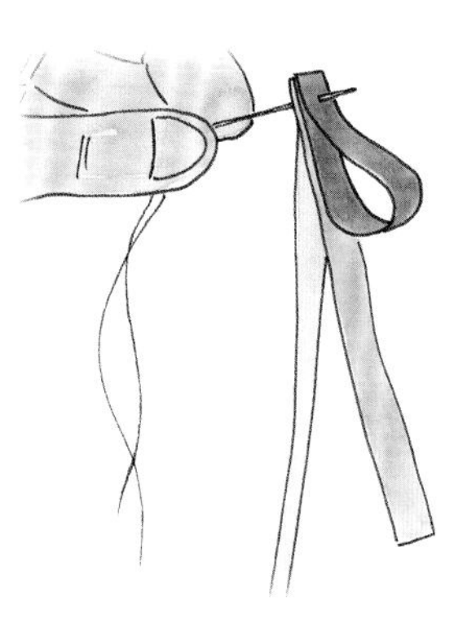

2. 将3根不同长度的缎带条叠在一起，由短至长排列，将最长的放在底部。用穿好线的针穿过缎带条的末端，离边缘约6mm处。不要将针穿出，将针插入最短缎带条的另一个末端，形成一个泪滴形状的环。

3. 将针穿过剩下两根缎带绕成的环，得到一个完整的花瓣形状。

4. 剩下的缎带部分按照步骤2和3制作，每完成一个花瓣后将其从针上移至线上。

5. 最后一个花瓣缝好后，将所有的花瓣围成一个圆，然后将线收紧。在最后一个花瓣处缝一针，将线打结，收尾。

6. 将最后一个花瓣与第1个花瓣在底部粘住。

7. 在中间粘上一个纽扣。

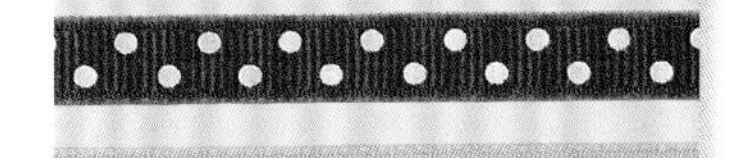

36 菊花结

菊花结有四层花瓣，每一层都比前面一层小。菊花结可以用4种颜色制作，也可以只用1种或2种不同的颜色制作，看上去别致一些。

难度等级：初级　**结的尺寸**：10cm

请准备好：

- 102cm长、10mm宽的A颜色罗缎丝带
- 90cm长、10mm宽的B颜色罗缎丝带
- 81cm长、10mm宽的C颜色罗缎丝带
- 51cm长、10mm宽的D颜色罗缎丝带
- 穿好缝纫线的常规缝针，一端打结
- 剪刀
- 烙画笔或锁边液
- 热熔胶枪和胶棒

1. 把A颜色的缎带剪成4段25cm长的缎带。把B颜色的缎带剪成4段23cm长的缎带。把C颜色的缎带剪成4段20cm长的缎带。把D颜色的缎带剪成3段17cm长的缎带。封好所有的边。

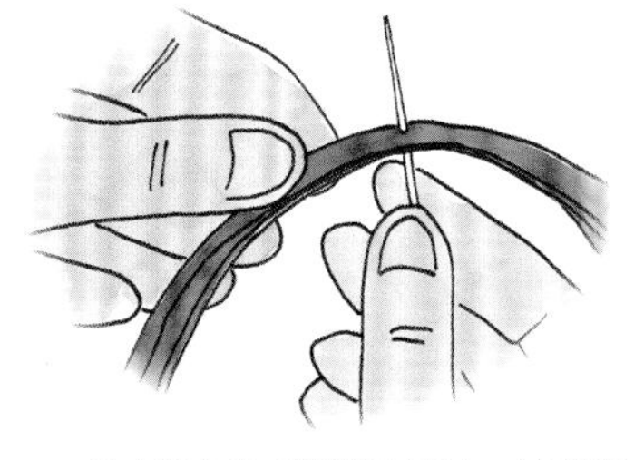

2. 从A颜色的4段缎带开始。找到每条缎带的中心并标记好。用针穿过每条缎带的中心。但不要将针穿出。

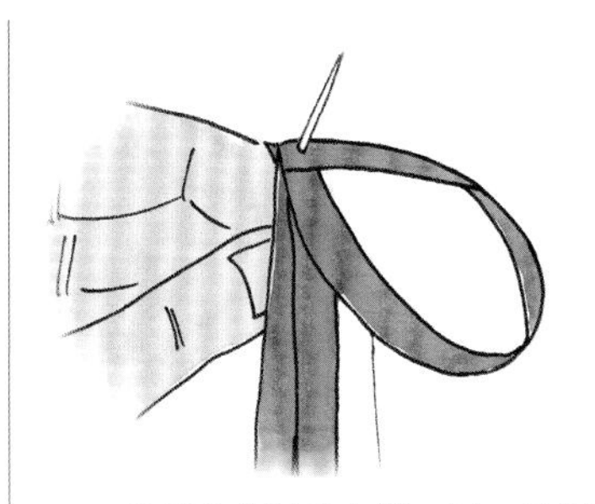

3. 一只手拿着针的底端，另一只手将一条缎带的一端翻折，使其面朝上。此时缎带被翻了一个圈。将缎带的末端用针线穿过，位置大约在离末端6mm处。

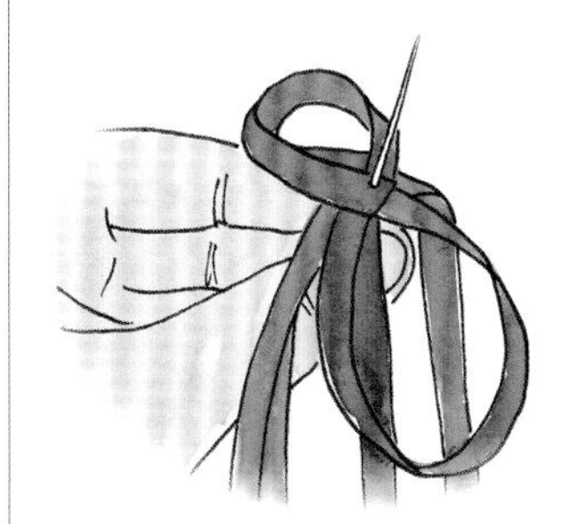

4. 这根缎带的另一边重复步骤3。两边都会因为翻折而弯曲。不要将针全部穿过缎带。

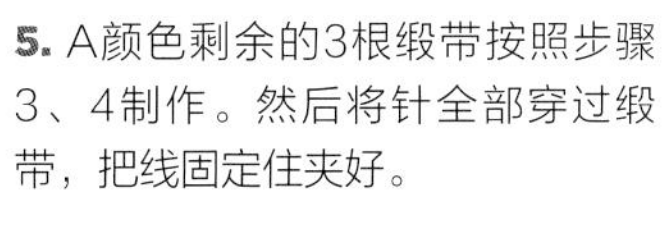

5. A颜色剩余的3根缎带按照步骤3、4制作。然后将针全部穿过缎带，把线固定住夹好。

6. 将其他3种颜色的缎带按照步骤3~5进行操作，制成3朵花。

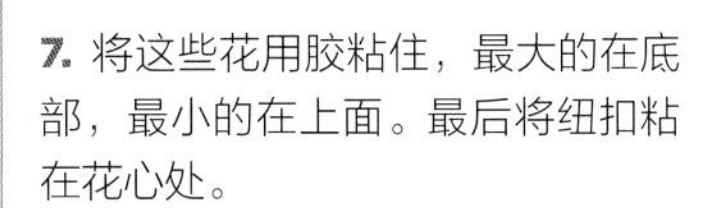

7. 将这些花用胶粘住，最大的在底部，最小的在上面。最后将纽扣粘在花心处。

37 卷边玫瑰结

卷边玫瑰结适用于鞋饰、领针以及发饰。使用双面罗缎能达到最好的效果，在这过程中需要不断缝合，保持花瓣的位置。

难度等级：中级　**结的尺寸**：5~6cm

请准备好：

- ❖ 61cm长、22~38mm宽的A颜色罗缎丝带
- ❖ 烙画笔、打火机或锁边液
- ❖ 缝针
- ❖ 缝线，一端打结
- ❖ 剪刀

1. 将缎带的一端封好边。将缎带沿宽度对折，使其宽度变为原来的一半，形成细长的条。拿着缎带使折叠面朝下，在接下来的步骤中，缎带将一直保持折叠状态。

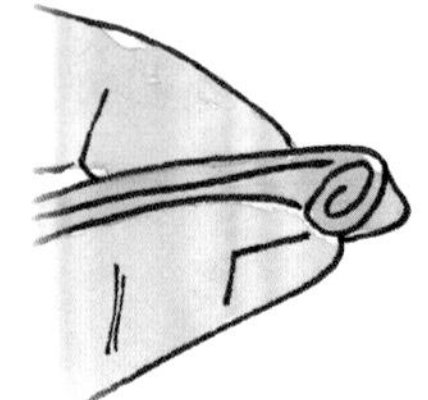

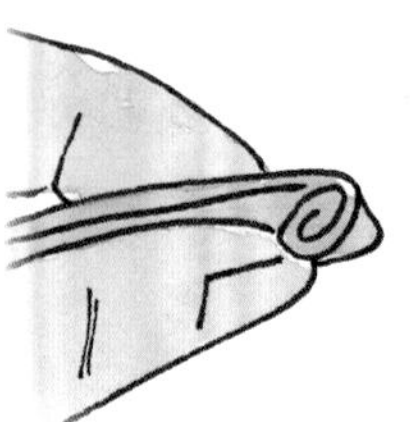

2. 将末端卷两圈。

3. 将底部缝合2~3针，完成后打结，不用剪断线。

避免“伸缩”

确保缝制时每一圈缎带都在同一水平面，或比步骤2、3略高一点。这样可以防止玫瑰中心伸缩。

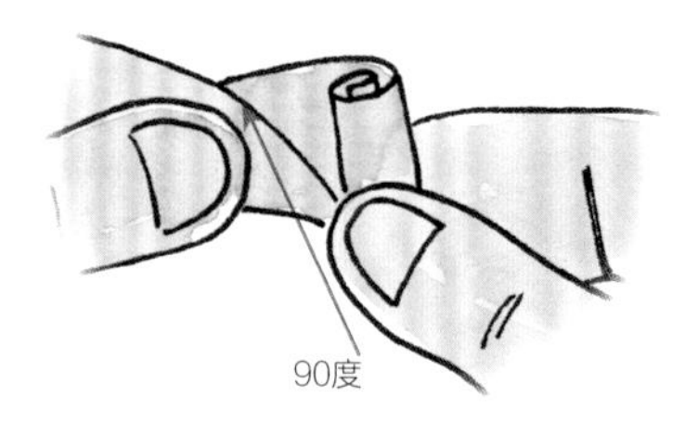

4. 将缎带的尾部向上折叠90度。

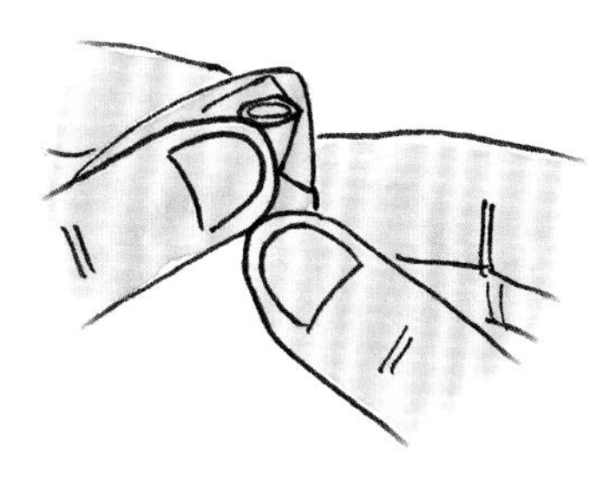

5. 将缎带沿着中心卷2圈，稍微松散一些，这样玫瑰看上去像绽放开一样。像步骤3那样将底部缝合。

6. 将缎带沿着中心再卷2次，不要折叠。缝合的时候，玫瑰形状变大之后，在新的位置缝几处平针。

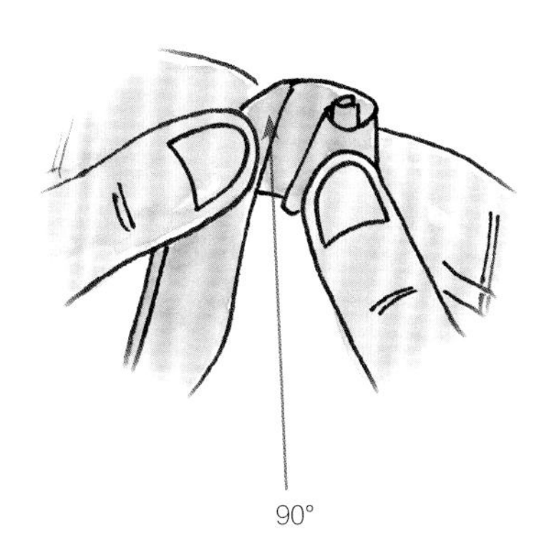

7. 将缎带尾部向下折叠90° 。

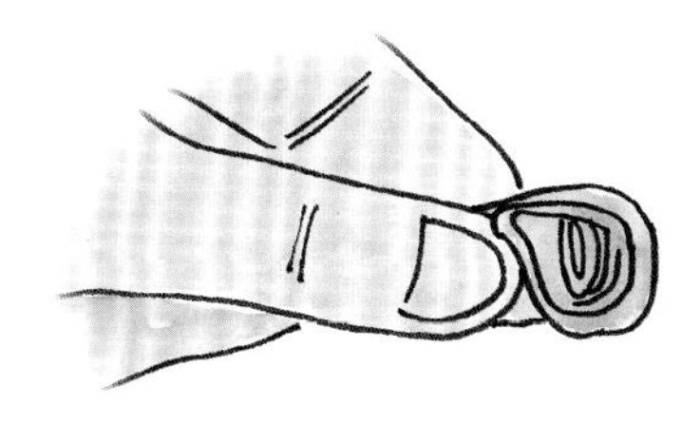

8. 把缎带沿着中心卷1圈或2圈，然后缝合。

9. 再次绕圈，不要折叠，谨记要使缎带处于折叠起来的状态。

10. 重复步骤4~9，按照想呈现的样子来决定向上或向下折叠的频率。

11. 在缠绕时要记得边绕边缝，这样玫瑰能保持其形状。将每层缎带交错地折叠，这样就会看起来有不同的层次。

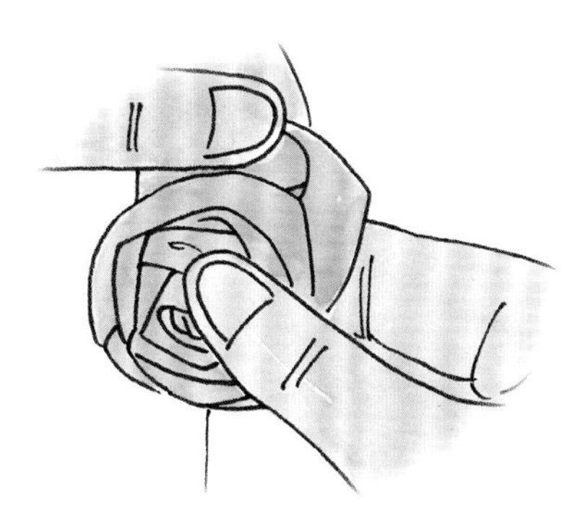

12. 靠近缎带末端处向下折叠，然后藏到玫瑰背面，然后缝合好。修剪缎带边缘封好末端的边。

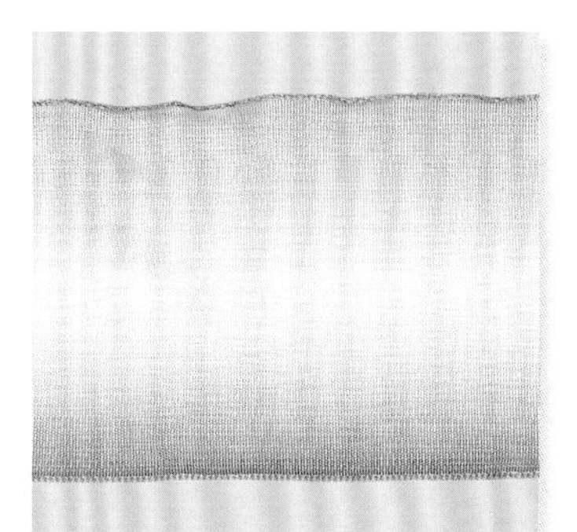

38 褶边玫瑰结

褶边玫瑰结有两层花瓣，这款花形制作快且容易缝合。最好使用丝缎作为材料，不过薄的绸缎也可以。如果线首先要剪掉的话，也可以使用夹金属丝的缎带。

难度等级：初级 **结的尺寸**：5~6cm

请准备好：

- 46~61cm长、50mm宽的丝绸或双面绸缎丝带
- 46~61cm长、25~50mm宽的丝绸或双面绸缎丝带，颜色要与之前的丝带相同或匹配
- 烙画笔、打火机或锁边液
- 鸭嘴夹（可选）
- 缝针
- 缝线，一端打结
- 剪刀
- 热熔胶枪和胶棒（可选）

1. 封好2条缎带两端的边。将一条缎带放在旁边。如果一条缎带比另外一条宽的话，先制作宽的这条缎带并将其作为基底花层。

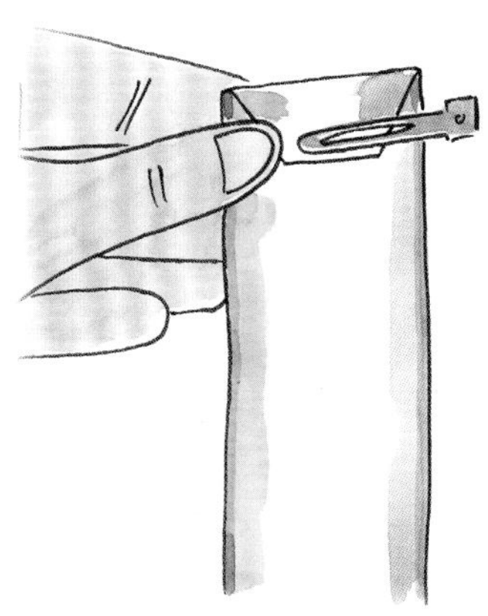

2. 将缎带一端折成一个三角形,三角形的顶端折下来，并从正面再向下折叠。需要的话使用夹子固定，用细小针脚朝下缝住中心。不要剪断线头。

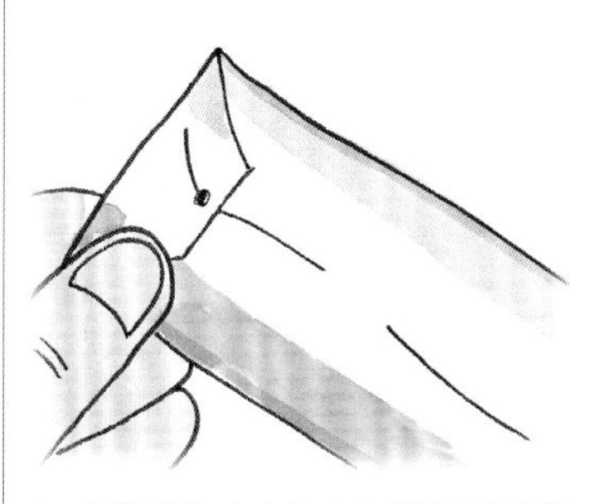

3. 在缎带的中心处向下缝长的平伏针，一直缝到缎带末端。每针的长度应该与缎带的宽度一样长。

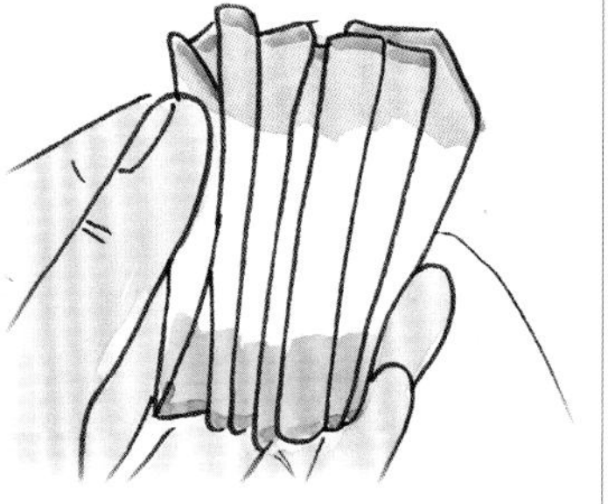

4. 拉伸线，这样缎带就会自己折叠到一起。

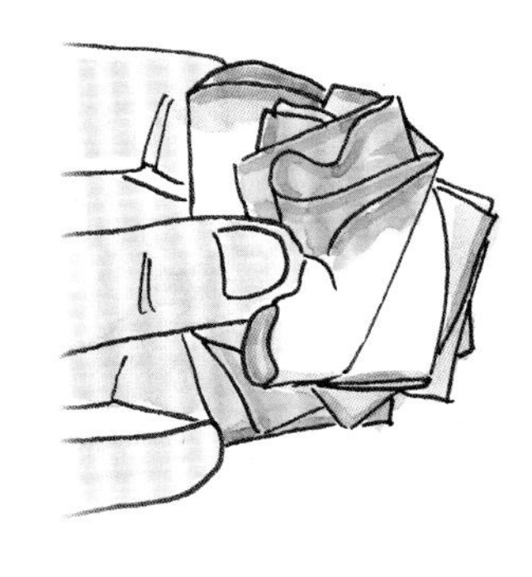

5. 握住中心，将缎带朝各个方向呈扇形展开使其看上去像花瓣的形状。穿过中心多缝合几次，在背面打结。修剪线头。

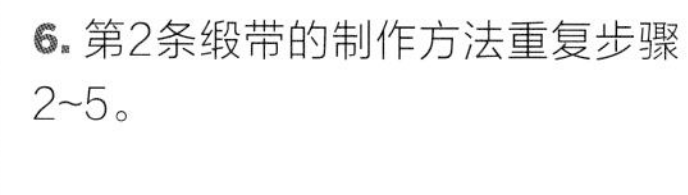

6. 第2条缎带的制作方法重复步骤2~5。

7. 将上层的缎带花与下层的缎带花缝合或粘合在一起，最后形成一朵完整的花。

39 抽褶玫瑰结

将缎带抽褶并缝制成玫瑰结是装扮鞋子的一种快速方法。也可以在玫瑰结后面加一层圆形毛毡，再加一个夹子，成为发饰。

请准备好：

- ❖ 25cm长、25mm宽的缎带
- -或-
- ❖ 36cm长、38mm宽的缎带
- ❖ 烙画笔、打火机或锁边液
- ❖ 缝针
- ❖ 缝线，一端打结
- ❖ 剪刀
- ❖ 热熔胶枪和胶棒（可选）
- ❖ 25mm厚的圆形毛毡（可选）
- ❖ 中心珠饰或小纽扣（可选）

难度等级：初级　**结的尺寸**：5~6cm

1. 如果使用夹金属丝的缎带，从一边取出金属丝。将缎带末端封边。

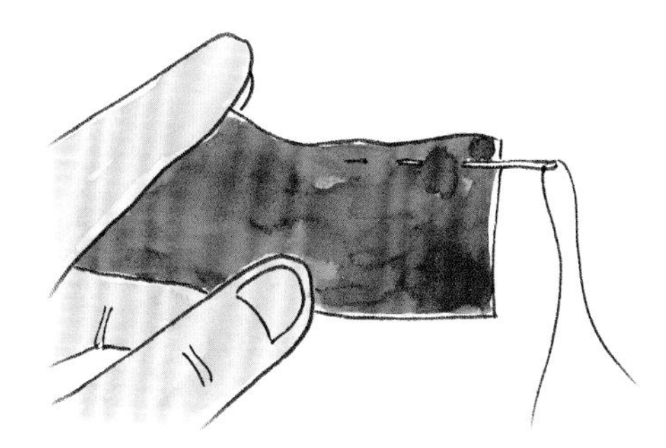

2. 在缎带的一条长边缝制平针。如果使用夹金属丝的缎带，需要在没有金属丝的一边缝合。

3. 缝到末端时，将线拉出使缎带形成褶皱。

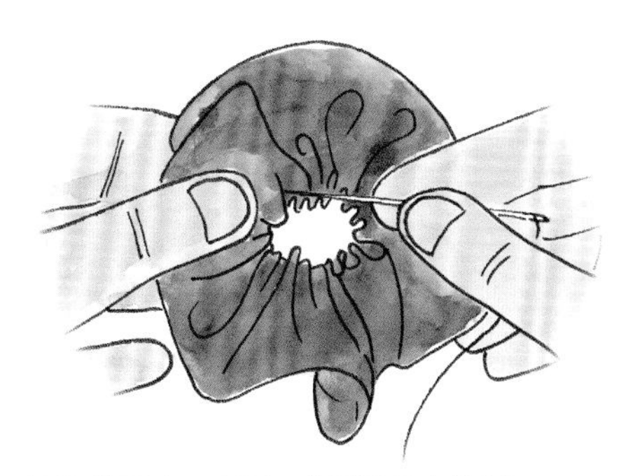

4. 将缎带围成一个圈，首尾重叠大约25mm。将上面一层的缎带向后折叠，藏好边缘，在底部将缎带的两边缝合在一起。

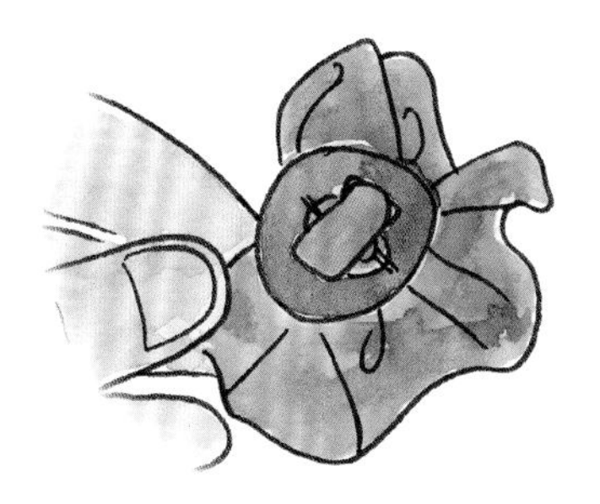

5. 玫瑰结做好后，可以在底部粘上一层圆形毛毡，再在花的中间缝一个珠饰，使其更具美感。

40 百褶玫瑰结

百褶玫瑰结与第89页的抽褶玫瑰结结相似，但其褶皱更加明显，并以毛毡为底基，因此将它缝合到手袋或包包上就会更加坚固。

请准备好：

- ❖ 46cm长、22~25mm宽的缎带
- ❖ 30cm长、22~25mm宽的缎带
- ❖ 烙画笔、打火机或锁边液
- ❖ 珠针
- ❖ 5cm的圆形毛毡
- ❖ 剪刀
- ❖ 缝针
- ❖ 缝线，一端打结
- ❖ 颜色相配的纽扣，有无扣眼均可
- ❖ 热熔胶枪和胶棒（可选）

难度等级：初级　**结的尺寸**：5~6cm

1. 将缎带两端封好边。

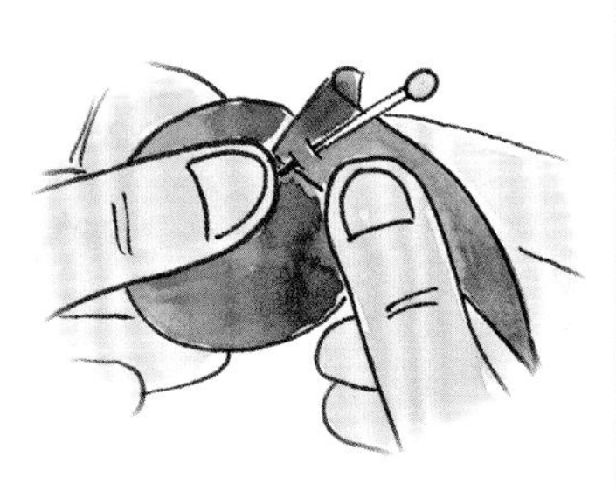

2. 将较长的那条缎带的一端向后折叠，用珠针将折叠的边缘别在圆形毛毡上，大约离边缘6mm。

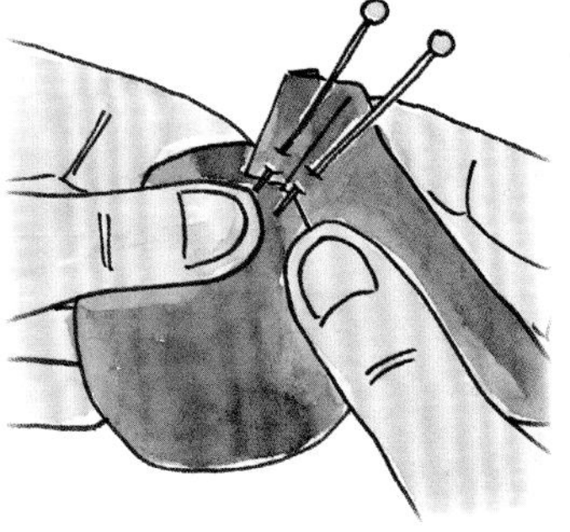
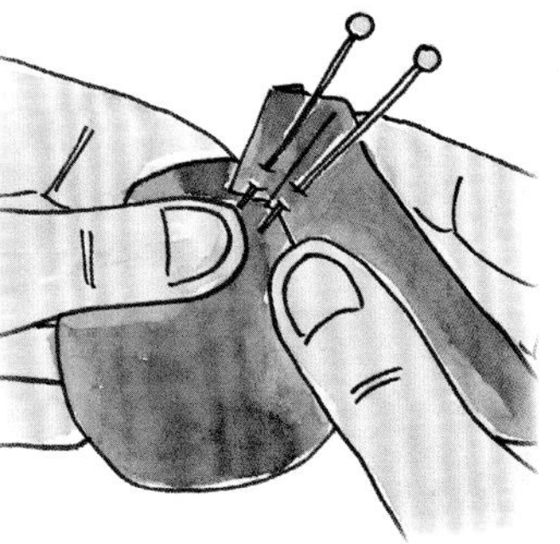

3. 折一个1.3cm的褶，然后别在毛毡上。

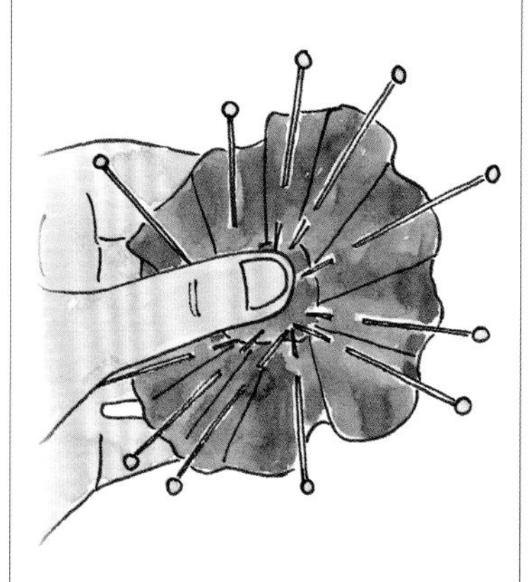

4. 围着毛毡重复步骤3。

5. 到达缎带末端的时候，向后折叠末端，剪掉多余部分，封好边然后在合适的地方别上别针固定。

6. 沿着缎带内部边缘在合适的位置缝平针固定缎带。

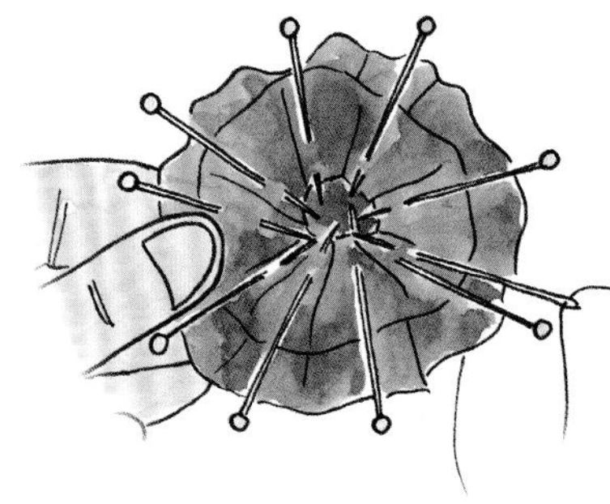

7. 用较短的缎带重复步骤2~5进行制作，并将其缝在顶端缎带上面。

8. 将纽扣缝或粘到中心，覆盖住毛毡。

41 幽谷百合

这种花型和缎带制成的叶子或其他花型搭配起来，看上去十分精致甜美。人工花蕊使花的样子更加完整，并添加了一份真实感。

难度等级：中级　**结的尺寸：**25mm

1. 将金属丝从缎带的一端取出，作为花的基底。如果需要的话，封好缎带边缘。

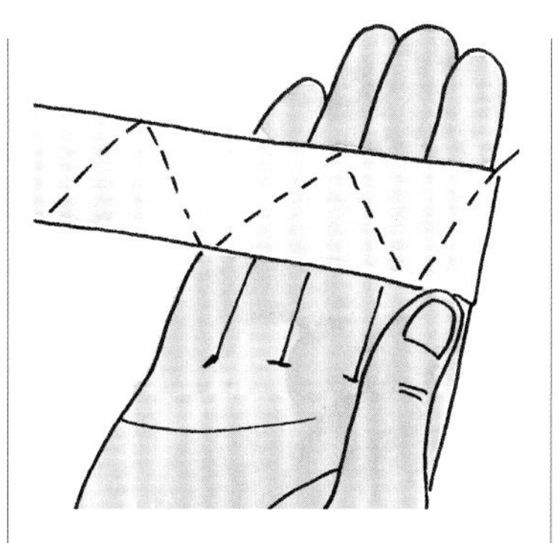

2. 将针穿上线，线尾无需打结。为了牢固，在缎带上角缝一针，然后在第1针之后再缝1个回针。

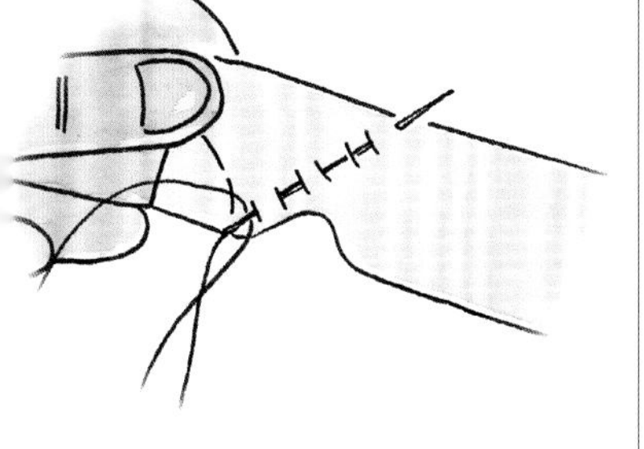

3. 从缎带的一端开始沿着对角线缝细小针脚为单针，缝到另一端的底边时，转90°向回缝，沿着对角线缝回另一边。

4. 整条缎带按照步骤3重复，直到缝到缎带顶端边缘。

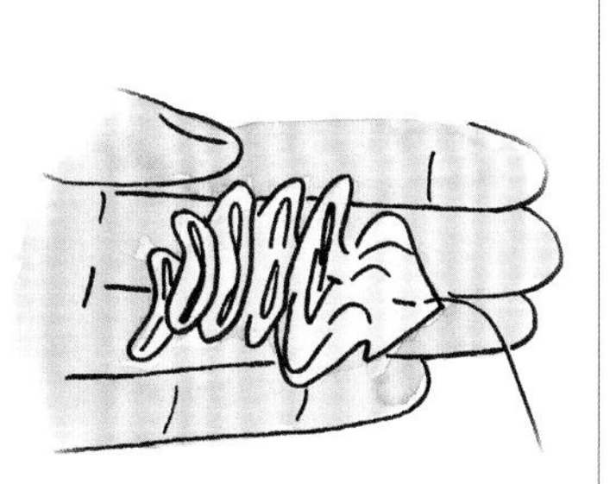

5. 将线拉紧使缎带形成褶皱，将聚集在一起的缎带向下拉到另外一边，以防线断掉。检查一下，确保没有“花瓣”翻折或向下卷起。

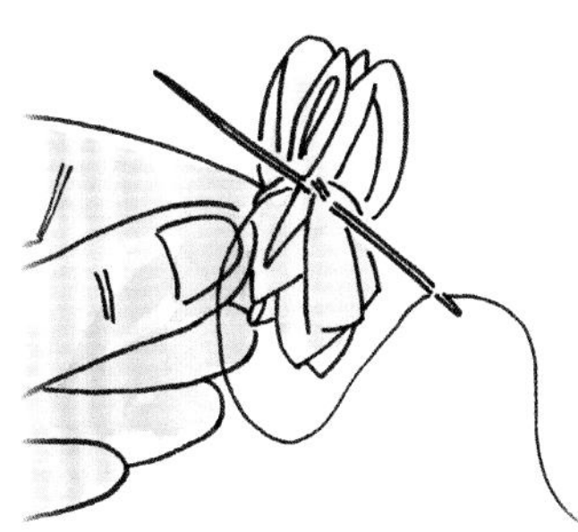

6. 从第1个花瓣缝到最后一个，确保缎带底端没有突到花朵上面，调整好花瓣的形状。

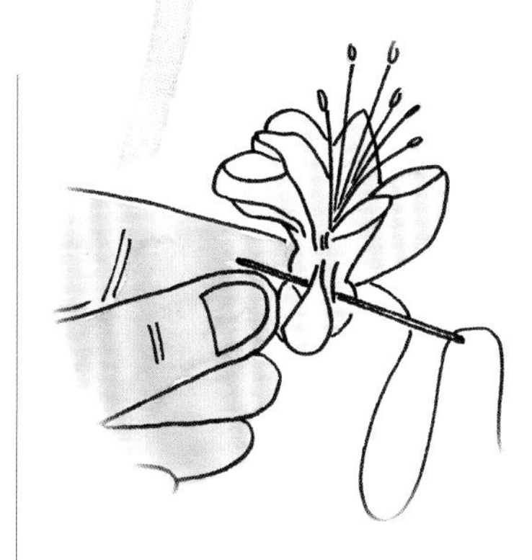

7. 如果不使用花蕊，在底部将花朵缝合。如果使用花蕊，将花蕊对半折叠，插进花朵中心，在底部适当位置进行缝合封住基底。

请准备好：

- ❖ 23cm长、16或22mm宽的法国夹金属丝缎带
- ❖ 烙画笔、打火机或锁边液（可选）
- ❖ 珠饰/帽饰或缝针
- ❖ 缝纫线
- ❖ 剪刀
- ❖ 人工花蕊（可选）

请准备好：

- 0.9~2.7m长、16~25mm宽的无金属丝绸缎
- 缝合
- 0.9~1.8m缝线，一端打结
-或-
- 缝纫机（可选）
- 剪刀
- 5~8cm大的圆形毛毡
- 热熔胶枪和胶棒

42 康乃馨结

这种漂亮饱满的花需要一条长长的缎带，如果手工缝制，需使用很长的线。缝纫机不是必须的，但是缝纫机可以使打褶过程更快。

难度等级：初级　**结的尺寸**：6~10cm

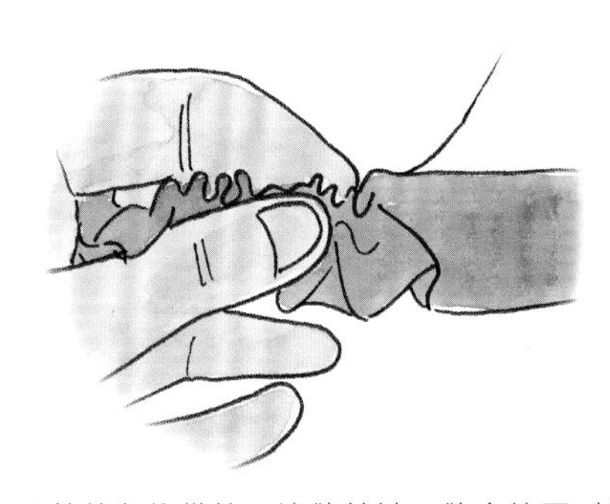

1. 沿着整条缎带的一边缝单针。缝合的同时将线拉出紧紧收拢缎带。确保收拢完成后在尾部打结。因为缎带较长，条件允许的话可以考虑使用缝纫机，用缝纫机缝长针脚，拉出底线收拢。

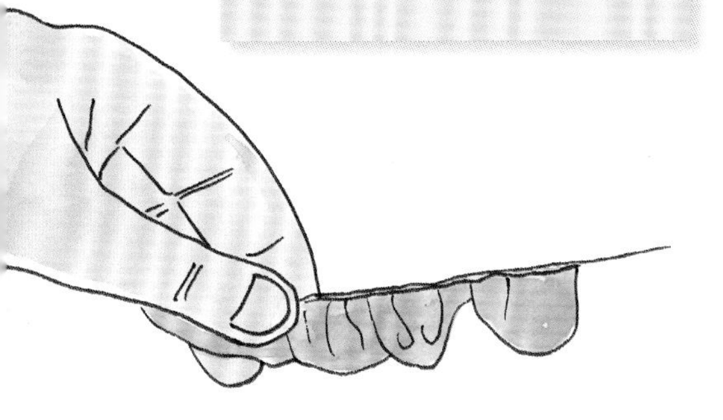

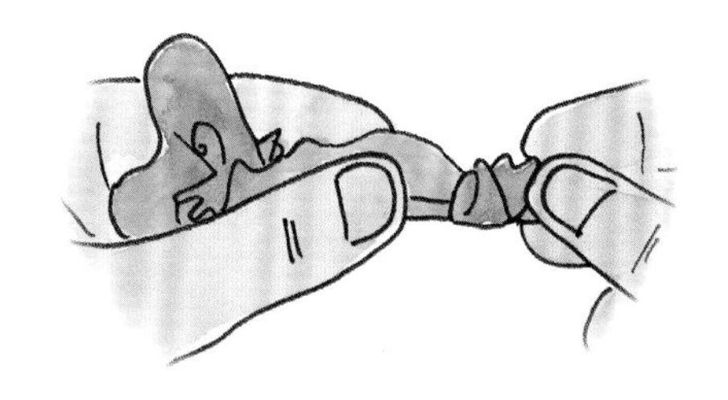

2. 将缎带一端打结，作为起点。

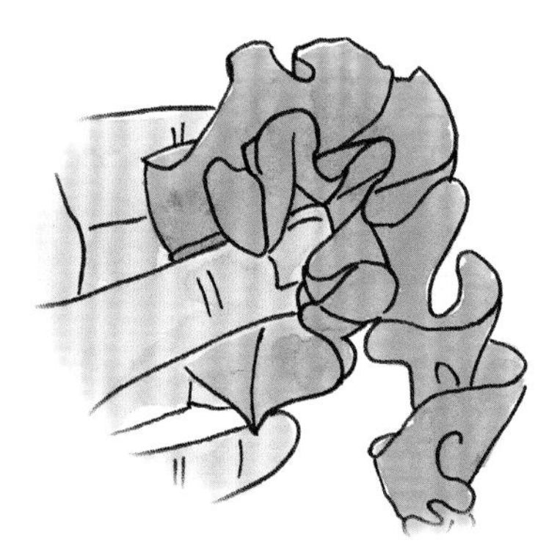

3. 沿着打结的一端缠绕收拢好的缎带，注意不要翻转缎带，使缝合或收拢的那端始终位于底部。

4. 在花型底部的适当位置先缝合缠绕了几圈的缎带。

使用夹金属丝缎带

除了通过缝单针给无金属丝缎带打褶，还可以尝试着使用夹金属丝的缎带。紧紧地收拢夹金属丝缎带的一边，不要把线拉出，将线在两边固定确保它不会跑出来。不断缠绕和缝合的过程中，沿着收拢的边缝合。

5. 继续缠绕缎带并缝合固定。随着花朵不断变大、有新的分层时，针线也要跟随着移动到新的部位缝单针。

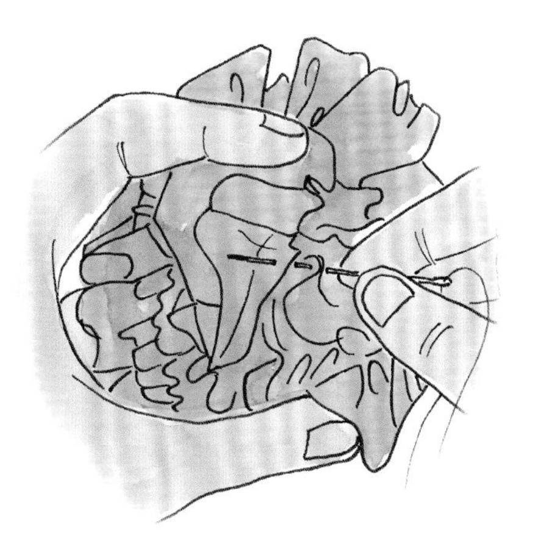

6. 当缝合到缎带末端时，将缎带的尾部缝制到花朵底部。

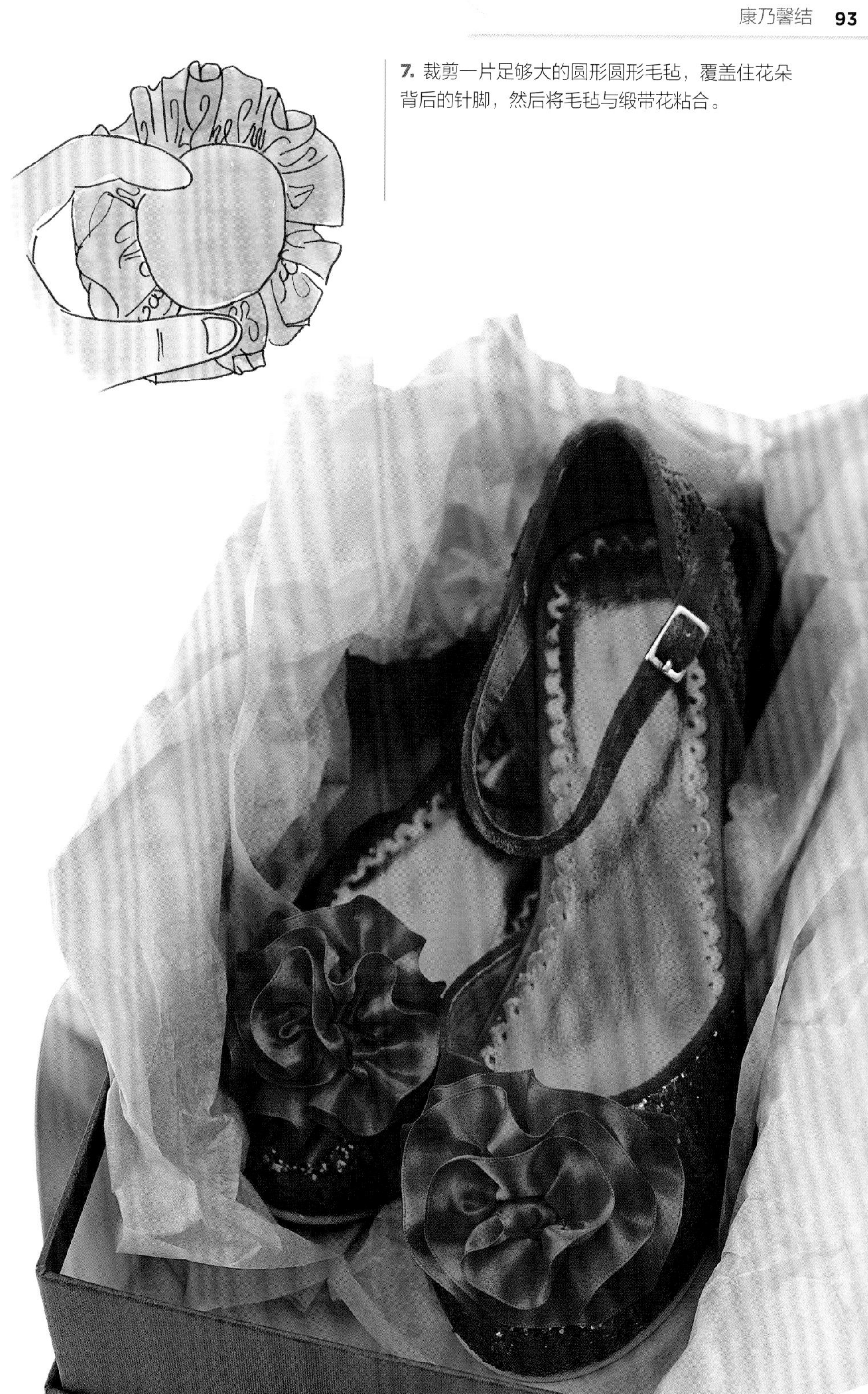

7. 裁剪一片足够大的圆形圆形毛毡，覆盖住花朵背后的针脚，然后将毛毡与缎带花粘合。

43 复古玫瑰结

这朵玫瑰是19世纪20年代很受欢迎的一种缝制花，当时几乎每个女人都把缎带制作当成自己的主要爱好。这款玫瑰结可以3个一组用来装饰，看起来十分漂亮，可以安装在头饰、帽子和包上。

难度等级：中级　**结的尺寸：**25mm

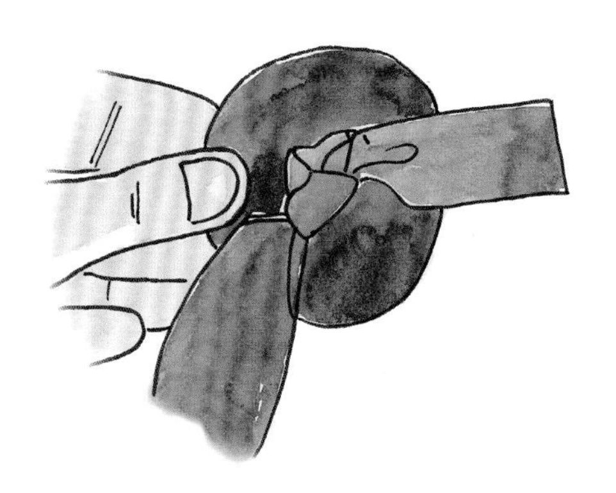

1. 在缎带末端距边缘5cm处打结。将结放置在圆形毛毡的中心，然后缝合。

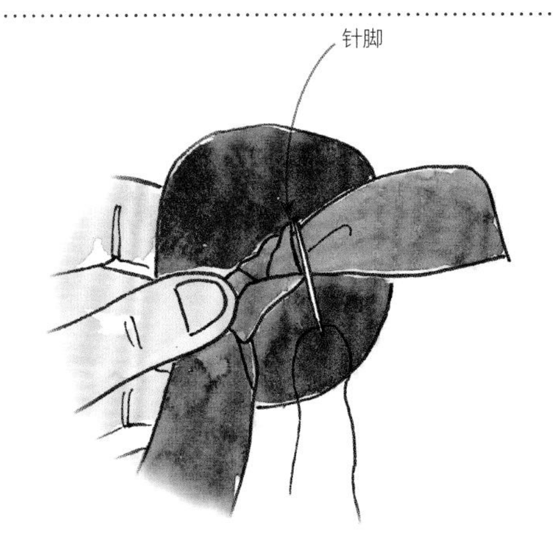

2. 在结的右上方、缎带留出的尾端缝一小针。

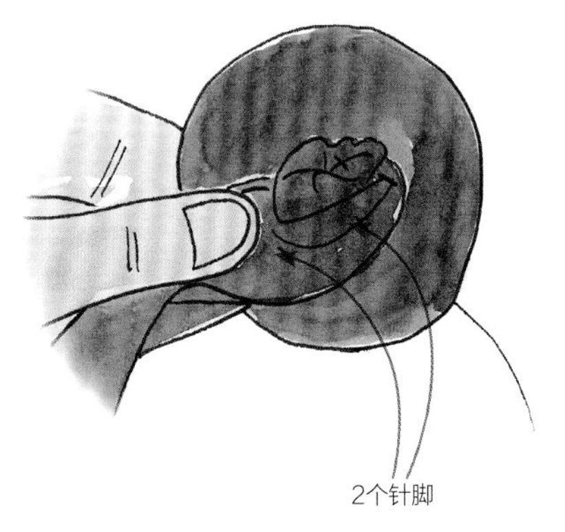

3. 将较长的一段向下折叠。之前缝的针脚会使缎带微微卷起，覆盖住结。再缝2针，一针在靠近结底部的右边，另一针缝在底部正中。

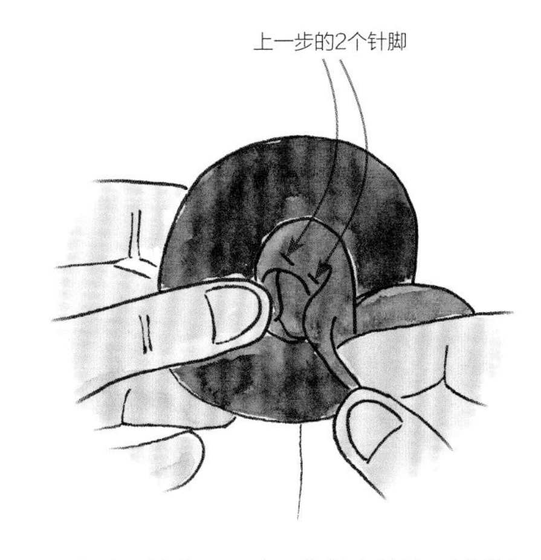

4. 将半成品旋转180度，使缝合过的区域朝上。再次向下折叠尾部，使缎带上方向内折叠。

请准备好：

- 36~46cm长、22mm或25mm宽的绸缎
- 直径5cm的圆形毛毡
- 缝针
- 缝线，一端打结
- 剪刀
- 热熔胶枪和胶棒（可选）

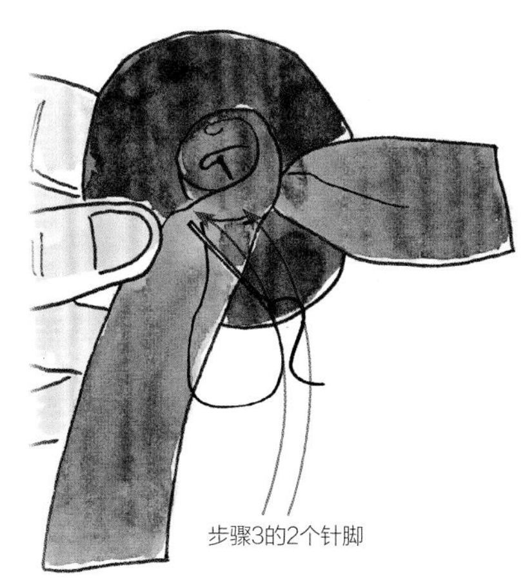

5. 再次在步骤3中的两处进行缝合。

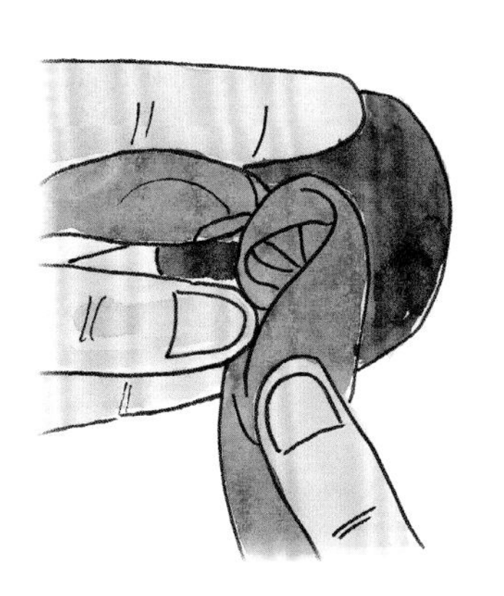

6. 将半成品再次旋转，并再次向下折叠尾部。

最后2个针脚

7. 继续折叠并在相同的两个点缝合，直到尾部剩余2.5~5cm长。在后面将线打结，固定住针脚。

8. 将毛毡修剪成玫瑰花的大小，小心不要剪掉任何针脚。向后折叠缎带尾部，在合适的位置缝合好或用胶粘住。

44 紫苑结

紫苑结可以做成不同的颜色，来表现不同类型的窄花瓣花。此款花制作快速，可以使用纽扣代替打结的缎带作为花心。

难度等级：初级　**结的尺寸：**8cm

请准备好：

❖ 9根9cm长、10mm宽的绸缎或罗缎

❖ 18cm长、10mm宽的同色系绸缎或罗缎

❖ 烙画笔、打火机或者锁边液

❖ 剪刀

❖ 缝针

❖ 缝线，一端打结

❖ 热熔胶枪和胶棒

1. 将所有缎带末端封好边。

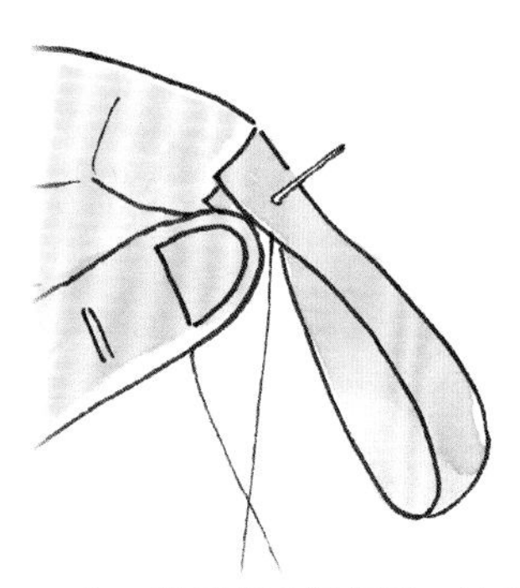

2. 将一根缎带对半折叠。针上穿线，将针插入缎带，大约距离边缘6mm处。不要将针全部穿过缎带。

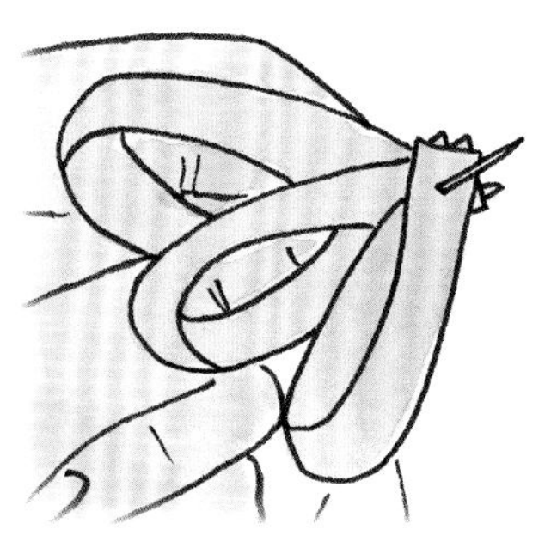

3. 将剩余的折叠缎带条按照步骤2操作，穿到针上，仍然不要将针全部穿过缎带。

4. 当所有缎带穿好后，将针穿过全部缎带的中心，在后面将线打结。

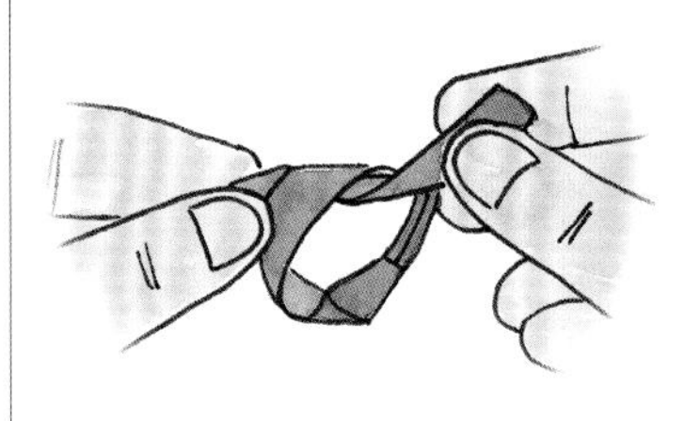

5. 将较短的缎带打3次结。

6. 修剪并将缎带末端封边。将末端折叠并粘在结的后面隐藏线头。最后将结粘在花朵中心处。

45 大丽花结

此款精美的花需要耗费较长时间缝制，可以准备好缎带和线，用一个下午来制作。或者整理好材料，时不时地拿出来放松地慢慢做。

难度等级：中级　**结的尺寸**：8cm

1. 将较宽的缎带剪成7根10cm长的缎带，将剩余的宽缎带剪成5根8cm长的缎带。封住所有缎带的边。

2. 将较窄的缎带剪成6根5cm长的缎带。封住所有缎带的边。

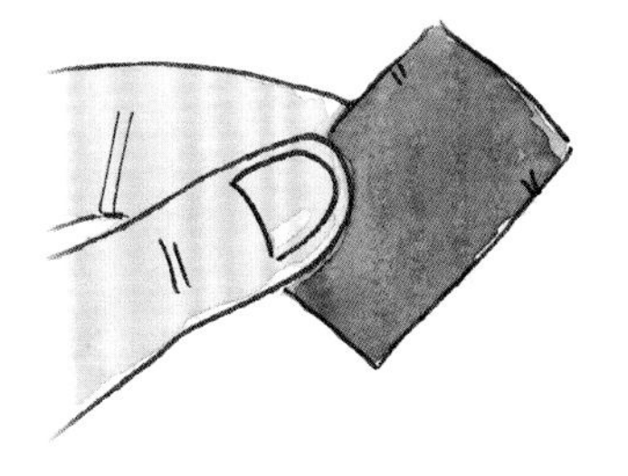

3. 将最宽的一根缎带条对半折叠，在离折叠边缘下方大约1cm处，将缎带两边牢固地缝几针，每个针脚都要将线包住。在后面打结。

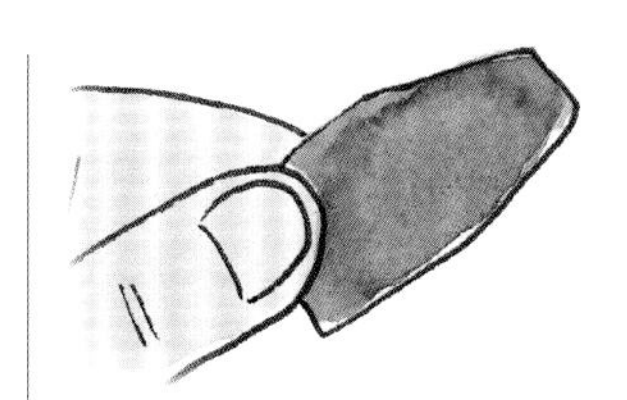

4. 将缝制的缎带条里外翻转，使上端边缘位于里侧做成一个圆头的花瓣。

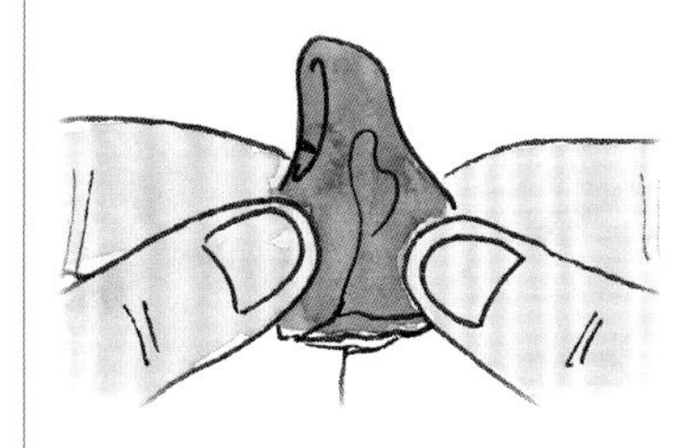

5. 在每个花瓣的底部中心折一个褶，然后缝住。

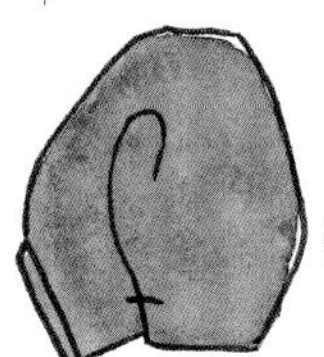

剪成10cm长、50mm宽的缎带

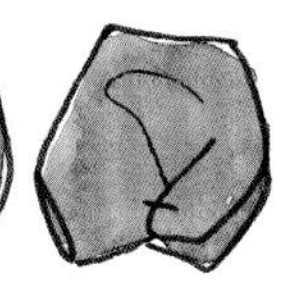

同样的缎带剪成8cm长

剪成5cm长、25mm宽的缎带

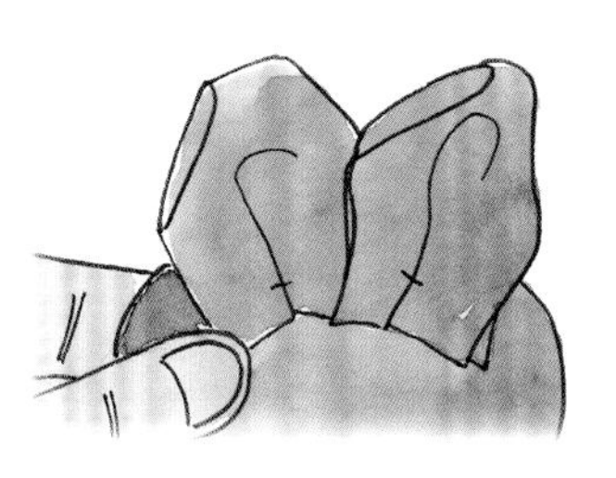

6. 将7朵最大的花瓣沿着毛毡的外围摆放，位置大约在离毛毡边缘1.3cm处，叠放花瓣确保它们分布均匀。在认为摆放的位置合适的时候，就可以在适当的位置将花瓣粘好。

7. 重复步骤3~5，做5个中等大小的花瓣，放在第一层大花瓣之上，与大花瓣隔开一定空间。

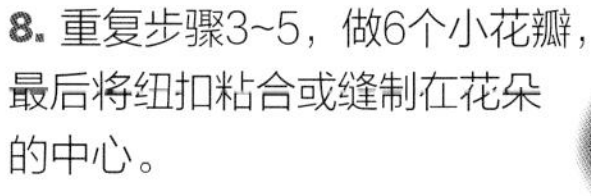

8. 重复步骤3~5，做6个小花瓣，最后将纽扣粘合或缝制在花朵的中心。

请准备好：

- 1m长、50mm宽的双面绸缎
- 30cm长、25mm宽的双面绸缎
- 剪刀
- 烙画笔、打火机或者锁边液
- 缝针
- 缝线，一端打结
- 直径8cm的圆形毛毡
- 热熔胶枪和胶棒
- 直径1.3cm与缎带颜色相配的纽扣，无扣脚或已卸掉扣脚

46 黄蜂结

勤劳的蜜蜂可以美化花朵的造型——你只需一些缎带和胶水就能赋予它们生命。

难度等级：初级　**结的尺寸**：5cm宽

请准备好：

- 卡纸，6mm宽、5cm长或排夹、条状发夹或珠针
- 13cm长、1cm宽的黄色罗缎，将其沿着横向对半裁剪，再剪成如下尺寸：4.5cm，5.7cm，7cm
- 13cm长、1cm宽的黑色罗缎，将其沿着横向对半裁剪，再剪成如下尺寸：5cm，6.4cm，7.5cm
- 缝针
- 2根10cm长、1cm宽的黑色罗缎，用来做身体和头。
- 4cm长、1cm宽的黑色罗缎，用来做头的基底。
- 1.3cm长、1cm宽的黑色罗缎，用来做触须。
- 13cm长、6mm或1cm宽的银色或透明缎带，用来做翅膀。
- 热熔胶枪和胶棒
- 剪刀
- 烙画笔
- 镊子

1. 将10cm长的黑色缎带折叠成泪滴的形状用胶将其粘住。用镊子将3根修剪过的黄色缎带和3根黑色缎带粘成圆形。

2. 将泪滴形状的缎带的尖端粘在卡纸上，或用夹子或大头针固定住，使圆环能自由活动。这样黄蜂的身体就制作好了。

3. 从最小的黄色圆环开始，穿过身体放在泪滴形状的尖端，小心地将其粘在卡纸上，或用夹子夹住。继续添加所有的圆环，将它们一个个地堆叠在一起，尺寸由小到大，颜色交替排列。

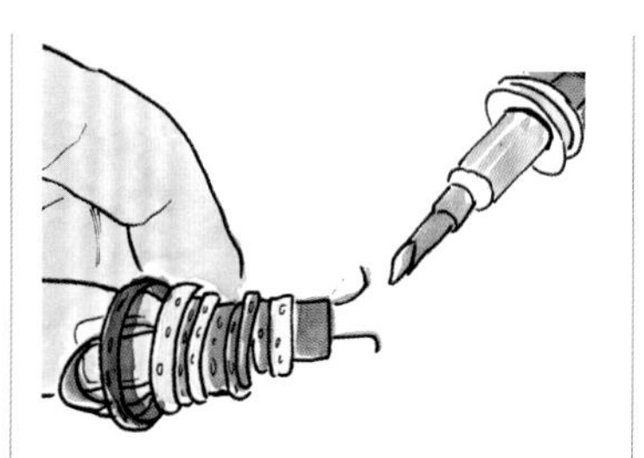

4. 使用烙画笔小心地给触须的两条黄色1.3cm长的缎带封边。在尖端处拿着烙画笔靠近触须，热量会使尖端熔成弯曲的形状，然后将它们粘在头部。

5. 将用作头部基底的4cm长的黑色缎带的中心粘在触须上方，在后面将其末端整齐地包裹住。

6. 将银色或透明缎带对半折叠找到中心，展开。将一边打一个环粘在中心，另外一边也如法炮制，构成“B”的形状或8字形。

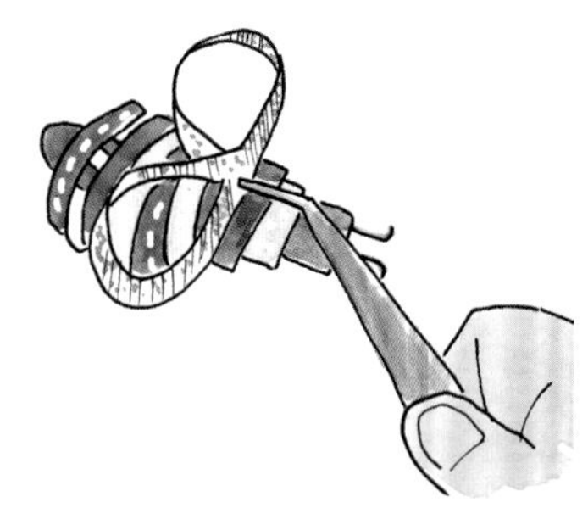

7. 使用镊子，将翅膀粘在第2个圆环上。

8. 将7.5cm长的黑色缎带卷成一个圈，粘住。将其粘在头的基底上。修剪蜜蜂背后所有剩余的卡纸（如果使用的话）。

47 瓢虫结

使用最爱的波点缎带就可以在几分钟内制作这个可爱的小动物啦。这个结可以用在发饰上，还可以用一对瓢虫来装饰甜美的卡片！

难度等级：初级 **结的尺寸**：5cm宽

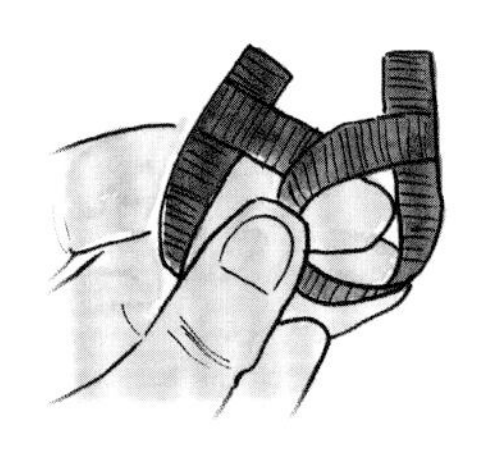

1. 将一根红色缎带折成泪滴形，缎带一端粘在距离另一端边缘下方6mm处。另一根红色缎带也如法炮制，但其形状应与第一根缎带形状形成镜像。

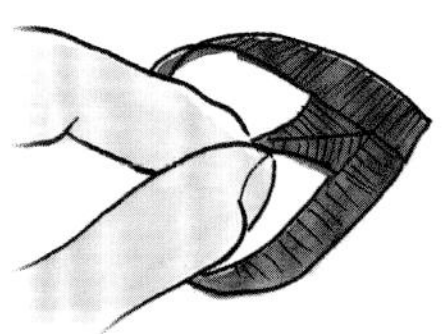

2. 将两个“翅膀”的尖端用胶水粘住，捏住并将“翅膀”边缘，将其粘好，组成一个心形。

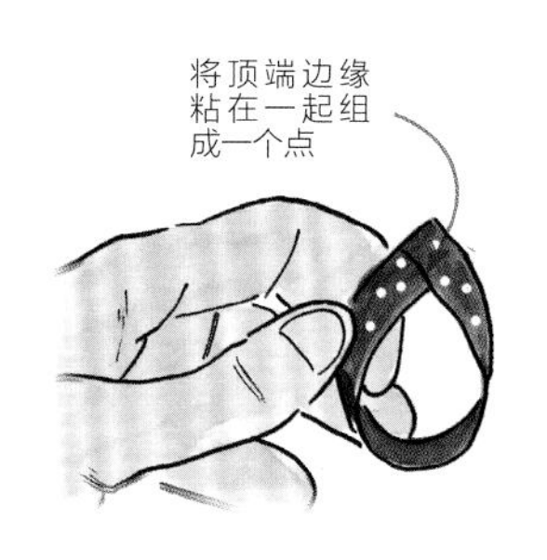

3. 将黑色缎带折成完整的泪滴形，将顶端边缘粘好，瓢虫的身子就做好了。

4. 将红色翅膀粘在黑色缎带上，确保与顶端对齐，顶端就是瓢虫的头部。

5. 使用烙画笔，小心地修剪1.3cm长的黑色缎带的边缘来制作触须，最后在尖端处拿着烙画笔靠近触须，使其熔成弯曲的形状，然后将它们粘在头部。

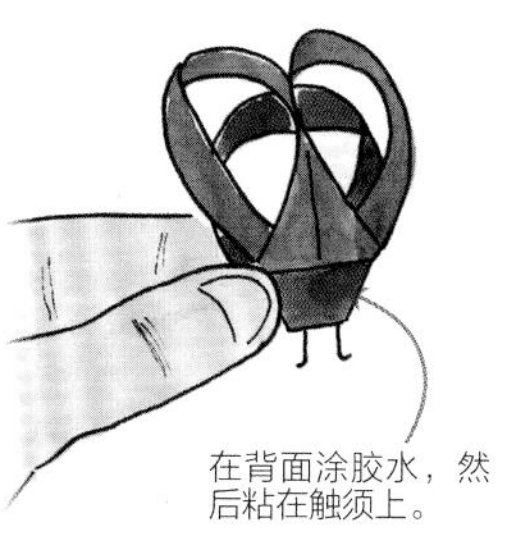

6. 将4cm长的黑色缎带的中心粘在触须上方，在后面将其末端整齐地包裹住。

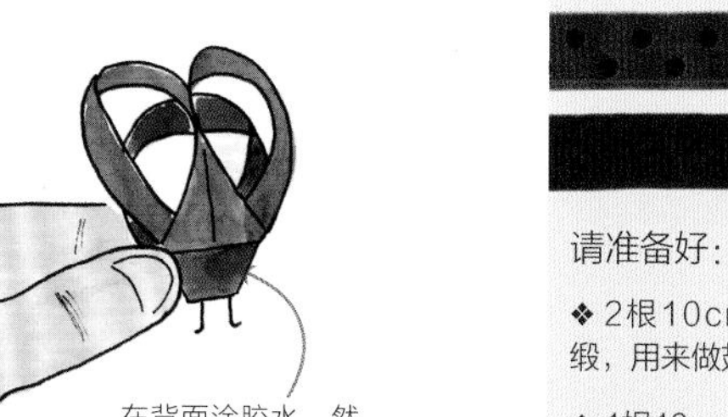

请准备好：

- ❖ 2根10cm长、1cm宽的红色罗缎，用来做翅膀。
- ❖ 1根10cm长、1cm宽的黑色罗缎，用来做身体。
- ❖ 4cm长、1cm宽的黑色罗缎，用来做头。
- ❖ 1.3cm长、1cm宽的黑色罗缎，用来做触须。
- ❖ 热熔胶枪和胶棒
- ❖ 剪刀
- ❖ 烙画笔
- ❖ 镊子

48 报春花结

将长条状的缎带塑造成栩栩如生的花瓣，可以看到花在眼前开放。

难度等级：中级　**结的尺寸**：6.5cm

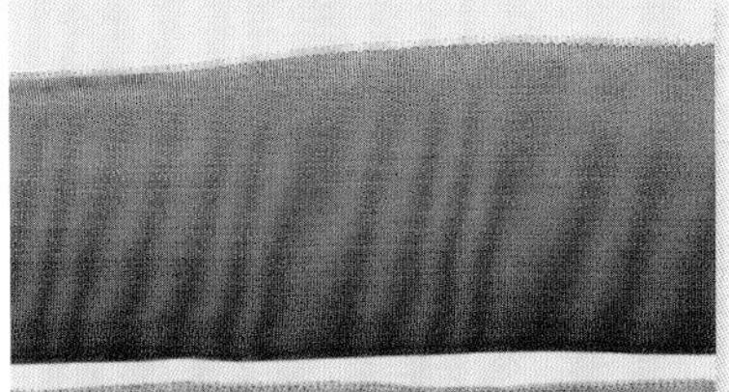

请准备好：

- ❖ 45cm长38mm宽的缎带
- ❖ 30cm长22~25mm宽的绿色缎带
- ❖ 网格手工垫板，有机直尺和滚轮刀（推荐）
- ❖ 剪刀
- ❖ 烙画笔、打火机或者锁边液
- ❖ 缝针
- ❖ 缝线，一端打结
- ❖ 1.3cm可调节纽扣不带有手柄
- ❖ 热熔胶枪和胶棒（可选）

1. 将较宽的缎带剪成4根10cm长的缎带来制作花瓣。将较窄的绿色缎带剪成2根15cm长的缎带，放在一边。

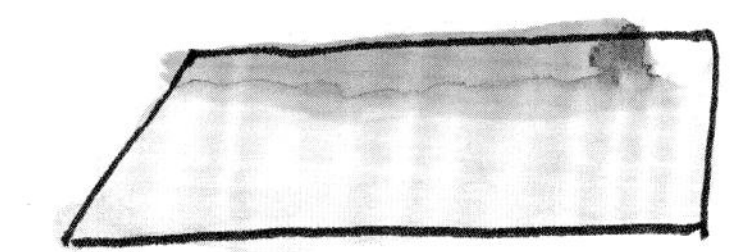

2. 将所有用作花瓣的缎带一端剪成45°。最简单的方法是将缎带放在手工垫板上45°标记处，用尺子和滚轮刀裁剪。

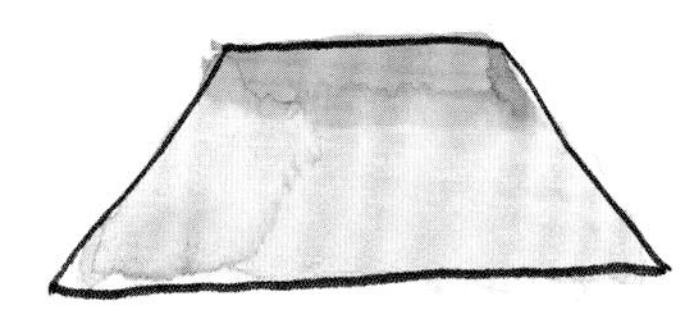

3. 将缎带翻转，另一端也沿45°裁剪。确保每根缎带一侧短，一侧长，像梯形一样。将末端封边。

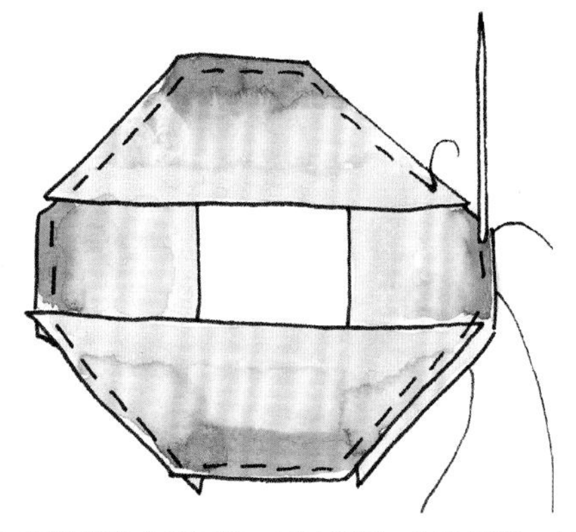

4. 将缎带拼成八边形，长边朝里，短边朝外。从一个外转角开始缝单针，将4根缎带沿着外围缝在一起。

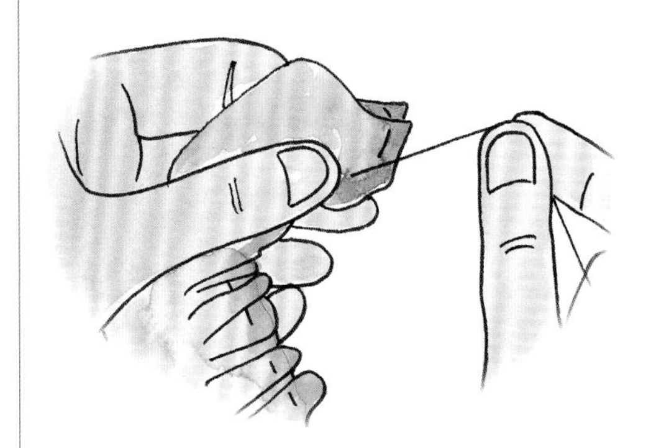

5. 将线拉出收拢缎带。

6. 将收拢的一侧翻转朝里侧，使外部形成花瓣的形状。打结并剪断线头。把花放在一边备用。

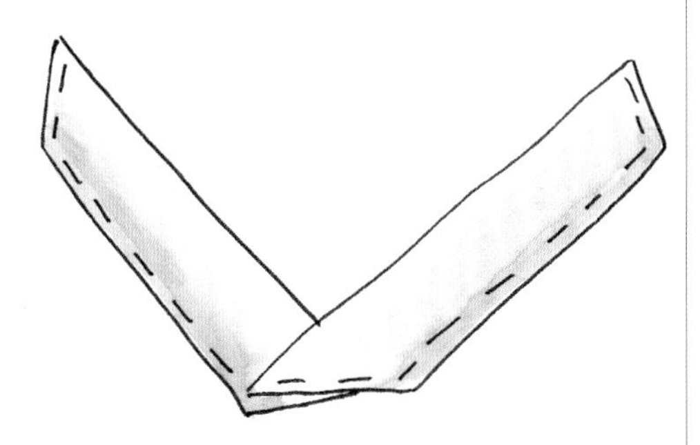

7. 按照步骤2~3处理两根叶子缎带。将其摆成V形，短的一边朝外，缎带在底部重叠。从顶角开始，沿着两根缎带的外围缝单针。和之前一样，将线拉出收拢，在系线和剪线之前把边缘缝合在一起。

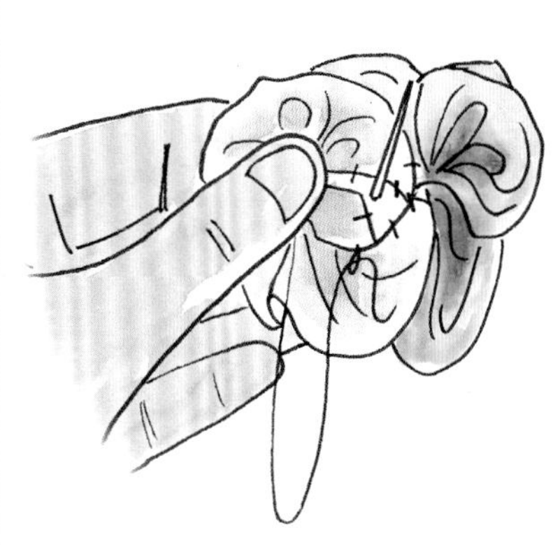

8. 将叶子缝在花的背面，叶子与花背后的中心孔重叠，这样从前方可以看到叶子。

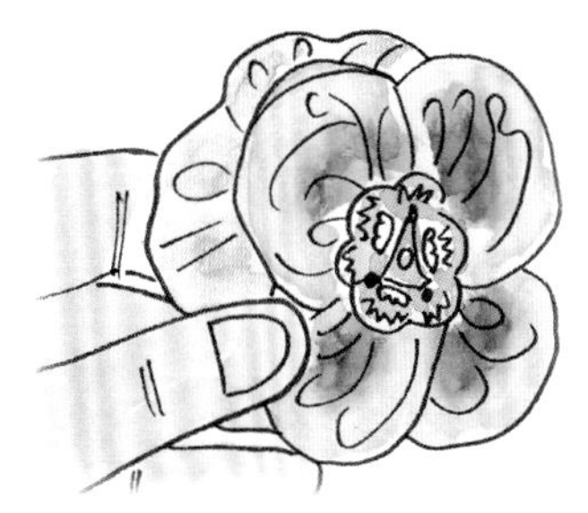

9. 将纽扣缝制或粘在花前方的中心上。

49 水仙花结

缎带水仙花不会像春日里开放的水仙花那样易逝。简单的抽褶和折叠可以很快地看到它们绽放，不必等待漫长的冬天。

难度等级：中级　**结的尺寸**：9cm

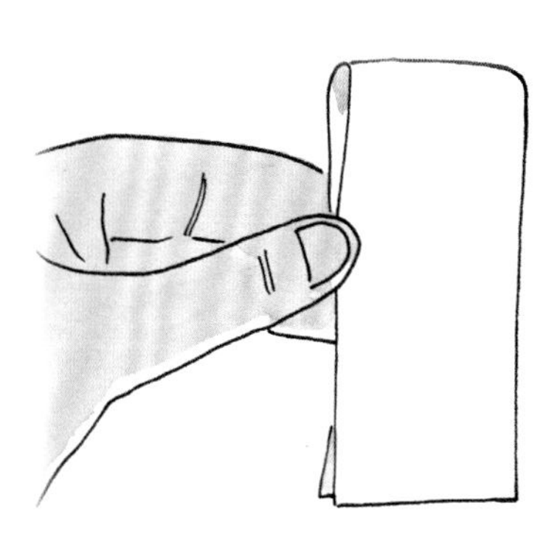

1. 封好6根花瓣缎带的边。将一根花瓣缎带纵向对折。

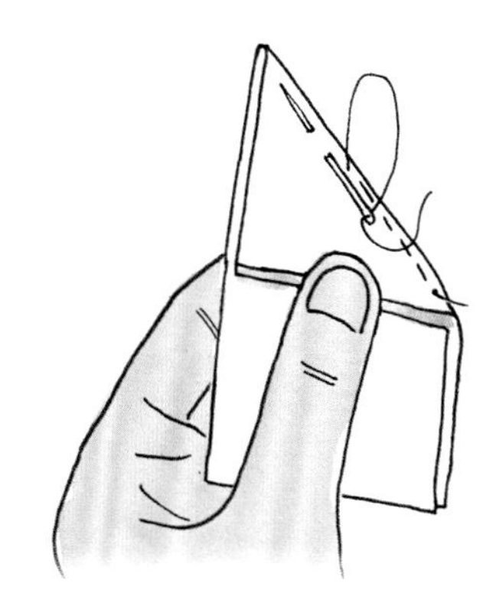

2. 将折边一角向下折成一个三角形。沿着三角形的折叠边缘缝单针。不用收拢缎带。将线末端打结并剪断线头。

请准备好：

- ❖ 6根18cm长、38mm宽的白色或黄色绸缎，用来制作花瓣
- ❖ 10cm长、38~51mm宽的黄色或橘色绸缎，用来制作中心
- ❖ 烙画笔、打火机或者锁边液
- ❖ 缝针
- ❖ 缝线，一端打结
- ❖ 剪刀
- ❖ 气消笔或水溶性马克笔
- ❖ 直径38mm的圆形毛毡
- ❖ 热熔胶枪和胶棒（可选）

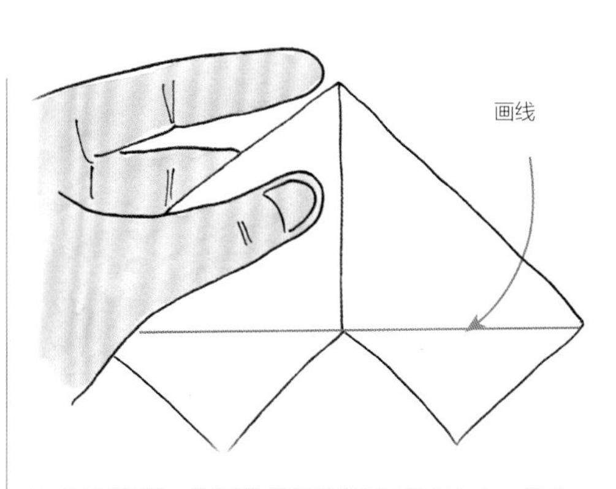

3. 打开缎带，在两条缎带交汇的底点之上，沿着折边画一条水平线。

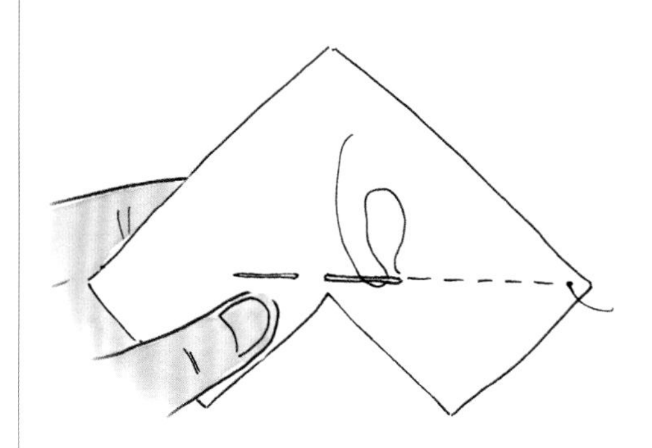

4. 沿着水平线缝单针。

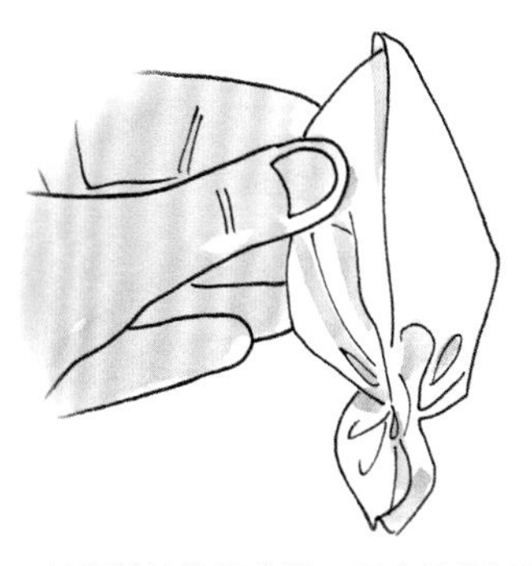

5. 拉紧线将缎带收拢，固定并剪断线头。

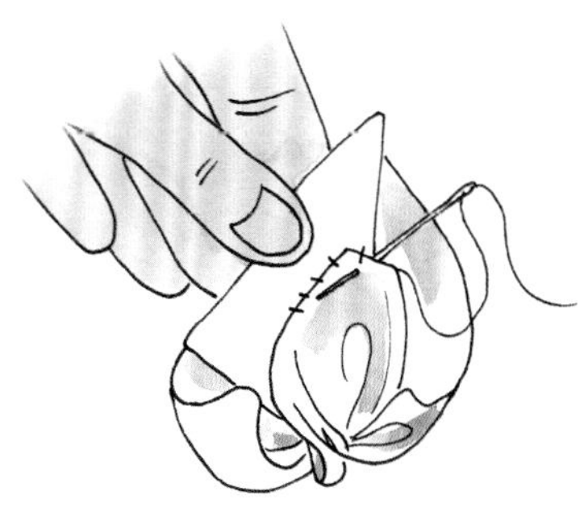

6. 将收拢的边折到花瓣的背面并缝在背后。注意不要缝到花瓣的前半部分。剩下的5根花瓣缎带也按照步骤1~6操作。

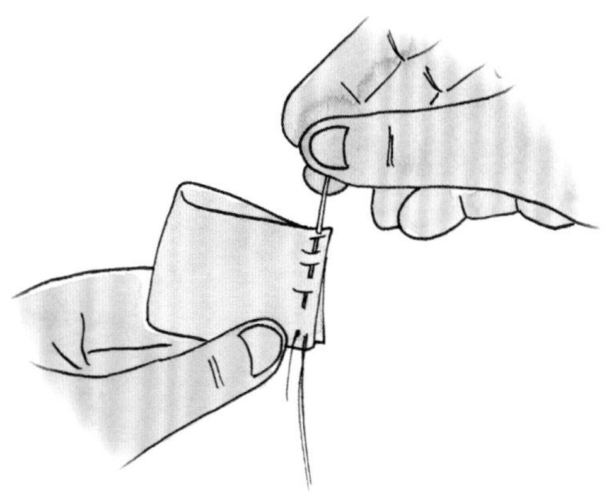

7. 将花心缎带纵向对半折叠。沿着开口边缘缝单针，不用收拢缎带。将线系紧并剪断线头。

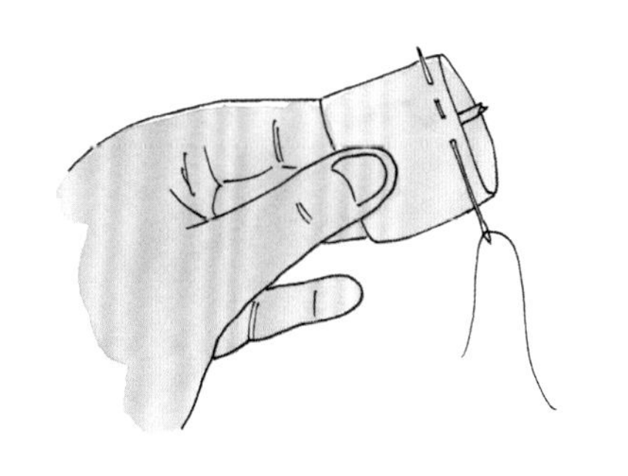

8. 将缎带向外翻转，这样缝合处就在内部了。沿着圆管状的一边缝单针，将线拉出紧紧地收拢缎带底部。将线系紧并剪断线头。

9. 将花心缝制或粘在圆形毛毡上。在毛毡上缝制或粘合3朵花瓣，并使其均匀分布围成一圈，底部压紧或稍稍塞进花心处。

10. 将剩下的花瓣缝制或粘在第1圈花瓣之间，压在第1圈上方，打造成立体的视觉效果。

50 牡丹结

将长条状的缎带塑造成栩栩如生的花瓣，可以看到花在你眼前开放。

难度等级：中级　**结的尺寸：**8cm

请准备好：

- 13根15cm长、10mm宽的双面绸缎
- 1.5m长、10mm宽的双面同色或互补色绸缎。
- 20cm长、38mm宽的双面同色或互补色绸缎。
- 缝线，一端打结
- 热熔胶枪和胶棒（可选）
- 缝针
- 剪刀
- 直径5cm的圆形毛毡
- 气消笔或水溶性马克笔
- 烙画笔、打火机或者锁边液

1. 将13根15cm长、10cm宽的缎带各在中心打一个结。

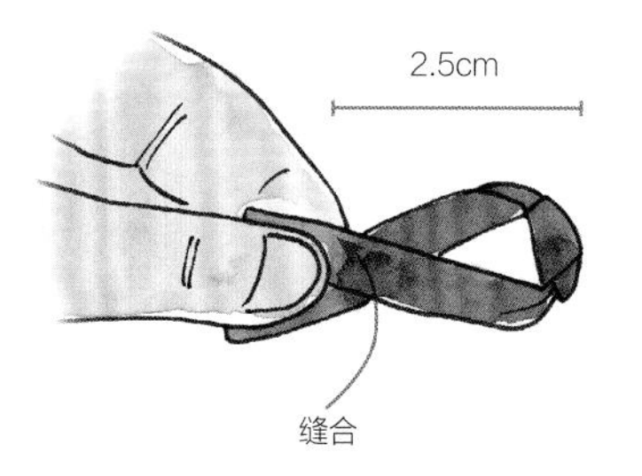

2. 将其中一条打结的缎带对半折叠，末端交叉。结在环的顶部。在离顶端结2.5cm处，将缎带的两端缝合或粘在一起。

3. 剩下的12根打结缎带按照步骤2重复处理。

4. 修剪环的末端，这样每个花瓣大约有4cm长。

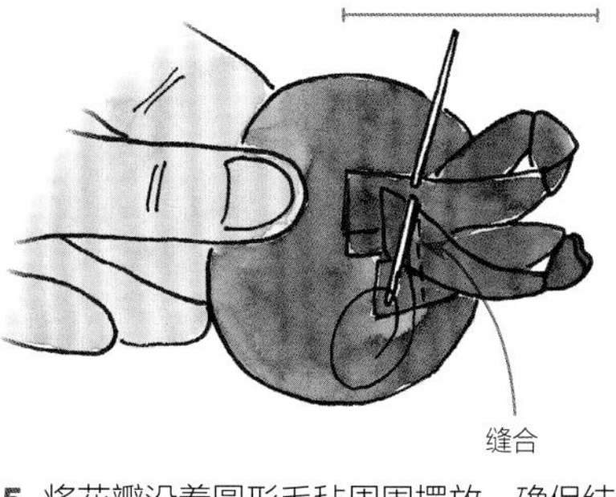
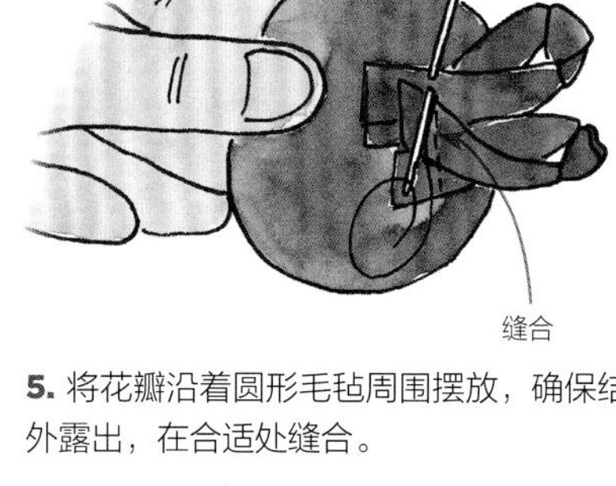

5. 将花瓣沿着圆形毛毡周围摆放，确保结在毛毡外露出，在合适处缝合。

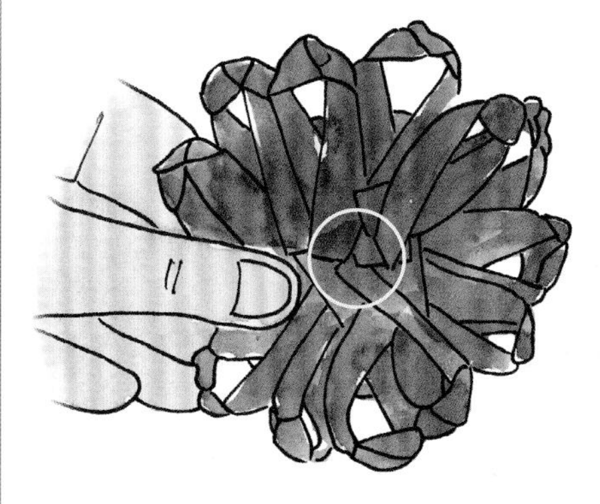

6. 在花心处画一个直径约2cm的圆,为摆放下一层花瓣做准备。

7. 将10cm宽的长缎带的一端缝进圆圈内，做一个环，环比外部花瓣的环小，然后在合适位置缝合。重复折叠，做下一个环。继续打环，沿着外围一直缝制。

8. 将38mm宽的缎带的末端封好边。沿着中线缝长单针，然后拉拢在一起。

9. 当缎带紧紧地聚拢在一起时，将线固定住并剪断线头。

10. 将聚拢好的缎带缝制在花的中心上。

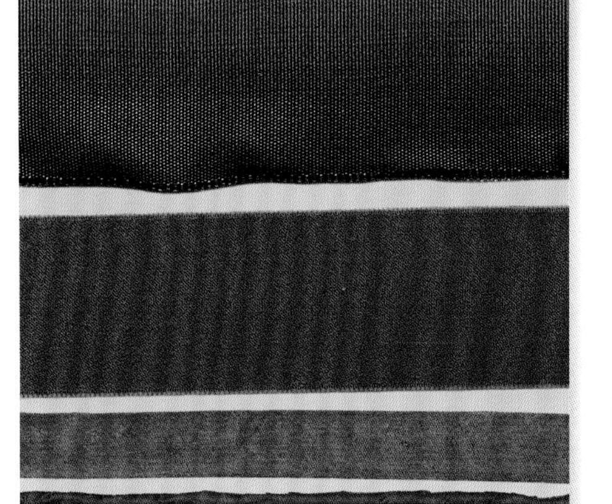

51 花枝结

缝制一束永不枯萎的缎带花束吧！首先使用之前学习的技巧做一朵精巧的花，沿着花茎编织缎带并增添一些叶子。

难度等级：中级　**结的尺寸：**不限

请准备好：

❖ 制作任何花都需要的缎带和材料：连续的缎带、小型毛毡或衬垫（玫瑰花结、康乃馨结、幽谷百合结）

❖ 制作不同类型叶子所需的缎带和材料（见第108~109页）

❖ 10~13cm）长、38mm宽的绿色缎带。

❖ 直径0.5~1mm的花艺铁丝

❖ 缝针

❖ 缝线，一端打结

❖ 热熔胶枪和胶棒（可选）

❖ 剪刀

❖ 16mm宽的花艺胶带

1. 完成你所选花的制作，直到进行到需将缎带缝到毛毡或将花缝合收尾时的步骤。

2. 弯曲花艺铁丝，在其顶端弯一个小环，环的大小要足够让花的缎带穿过。

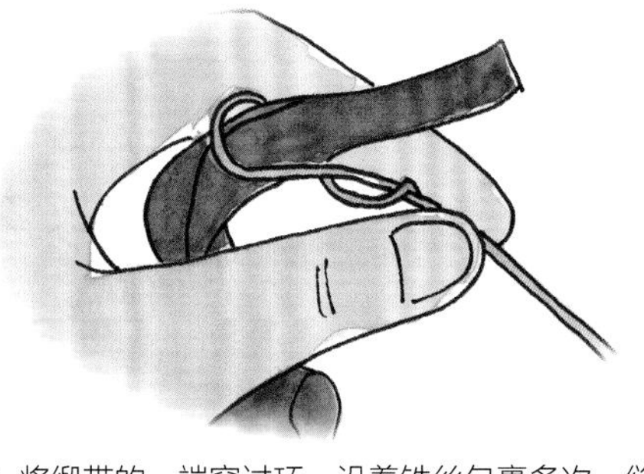

3. 将缎带的一端穿过环，沿着铁丝包裹多次。缝合或者用胶将其固定。

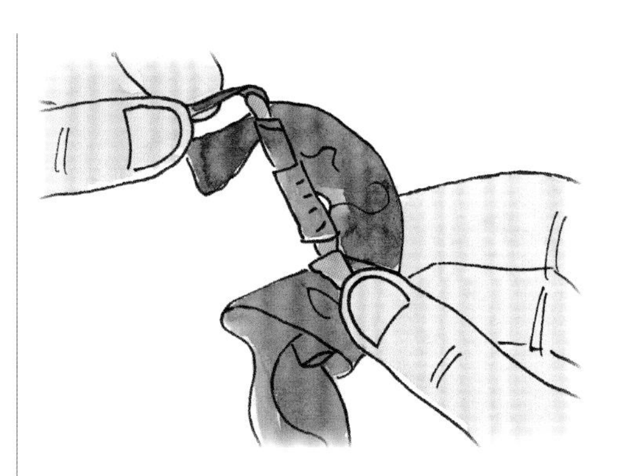

4. 用一小条相衬的缎带覆盖住花茎线顶端。用胶固定。

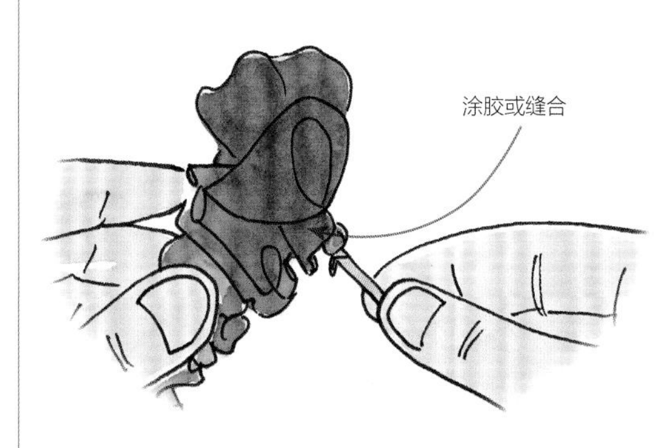

5. 围着线缠绕花朵缎带，每一层花都要粘合或缝制。使每一花层比前一花层包裹地稍微高一些，直到将花制作好。将装有梗的花朵放在一旁。

6. 将38mm宽的绿色缎带对半折叠，沿着短边的开口端缝合，制作一个圆管（见第103页的步骤7）。里外翻转。

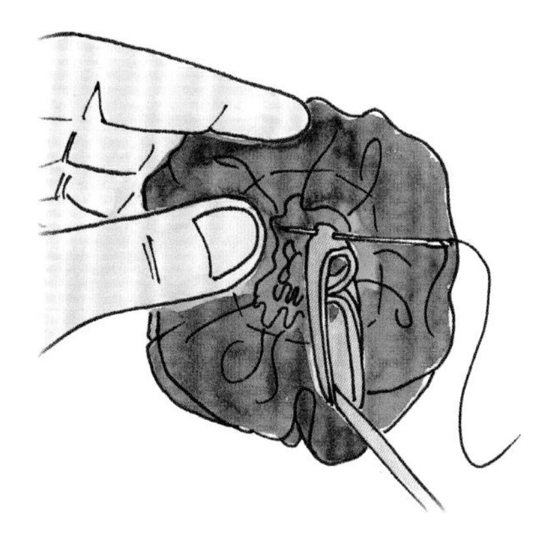

7. 将花茎装入缎带圆管中，缝制在花底。

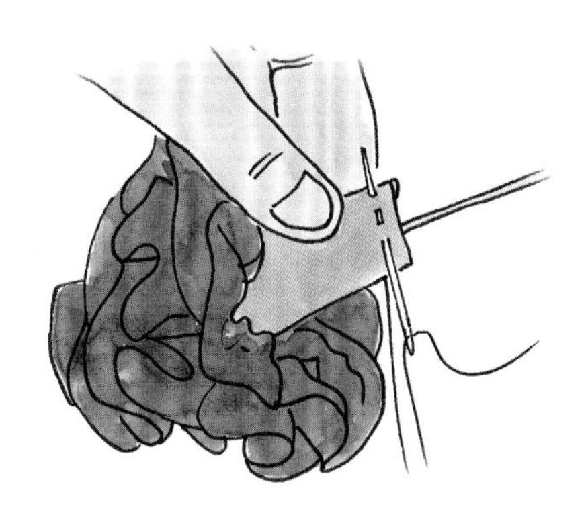

8. 沿着圆管的底部边缘缝单针，拉线收拢。将线固定并剪断线头。

9. 从刚聚拢的花底开始，沿着铁丝包裹花艺胶带直至需要安装叶子枝干的位置。

10. 制作叶子（见第108~109页），在将底部聚拢前，插入一根13~15cm长的花艺铁丝。将叶子与花茎对齐并用花艺胶带包裹在花上。

制作带梗花蕊：

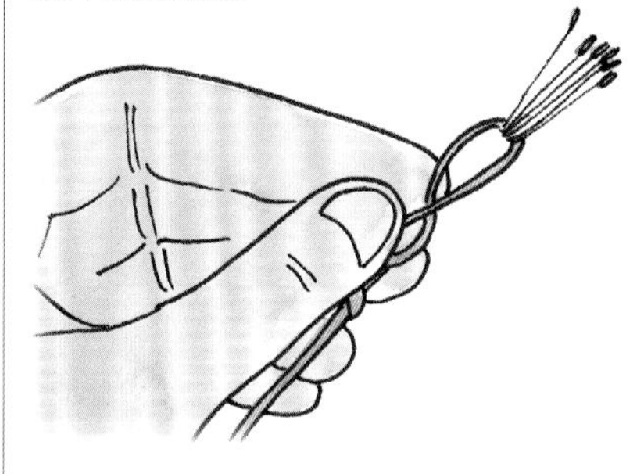

1. 将花艺铁丝对半折叠，在顶端绕一个环，将人造花蕊粘在对折处。

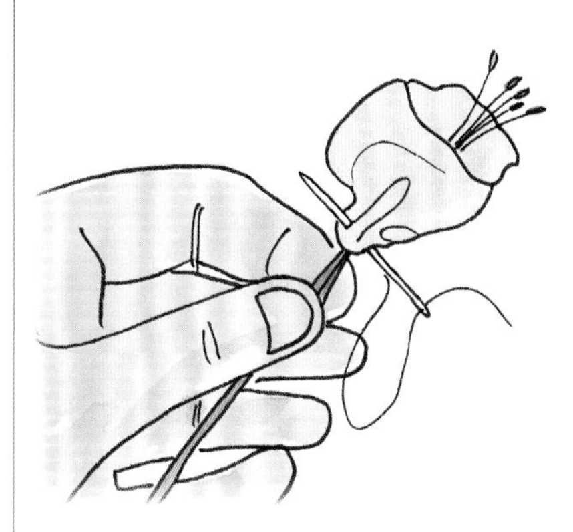

2. 按照水仙花结的制作步骤7~9（见第103页），安装一个花托或花冠，在聚拢和固定底部之前，需套在花艺铁丝上。

52 绿叶结

当制作一个美丽的花朵胸针时，叶子与花瓣同样重要。以下三种叶子制作简单、缝制快速。

难度等级：初级　**结的尺寸：**不限

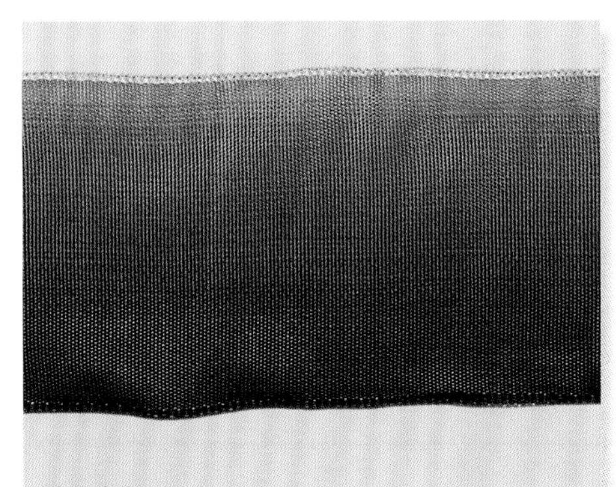

请准备好：

所有的叶子都需要

❖ 缝针

❖ 缝线，一端打结

❖ 剪刀

船形叶结

请准备好

任意宽度的夹金属丝缎带，剪成长宽比为4：1或5：1的缎带

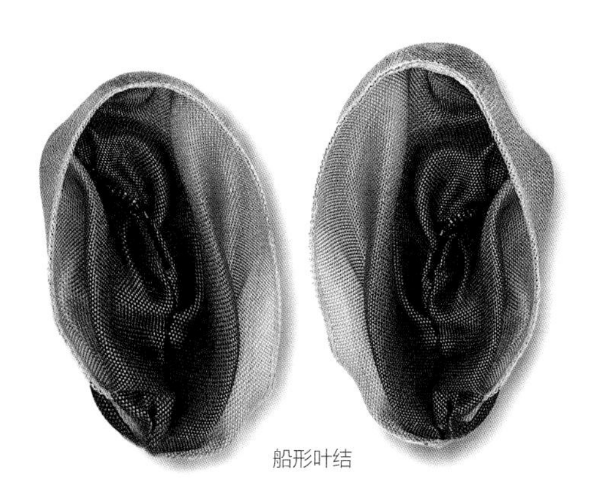

船形叶结

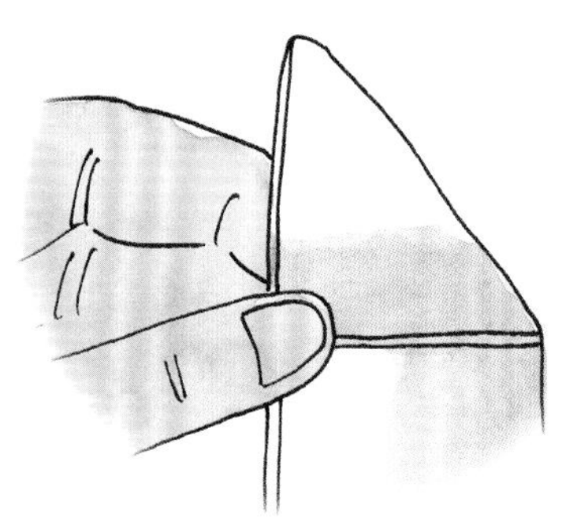

1. 将缎带一边的金属丝抽走，把缎带纵向对半折叠，使无金属丝的一边在右边。沿着折叠的边缘向下折叠右上角，形成一个三角形。

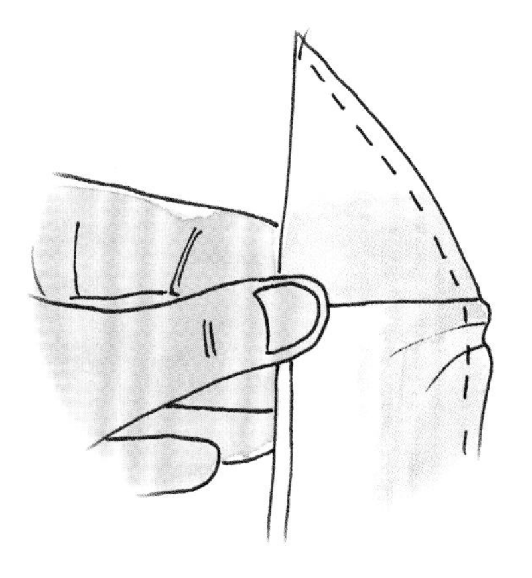

2. 沿着右边缘缝单针，从缎带底部到三角形的顶点。

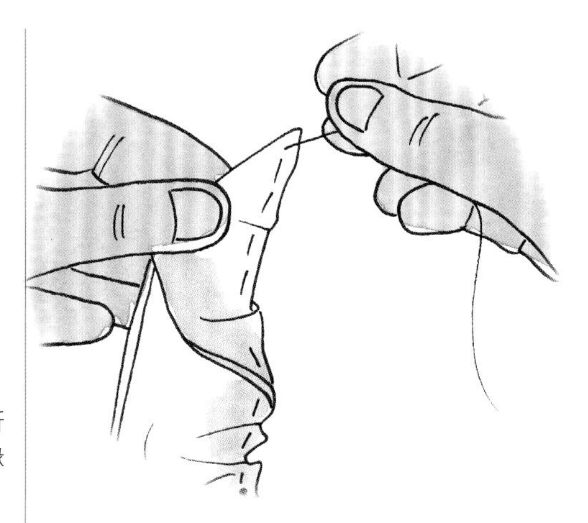

3. 拉线收拢，不用太紧。将线固定并剪断线头。

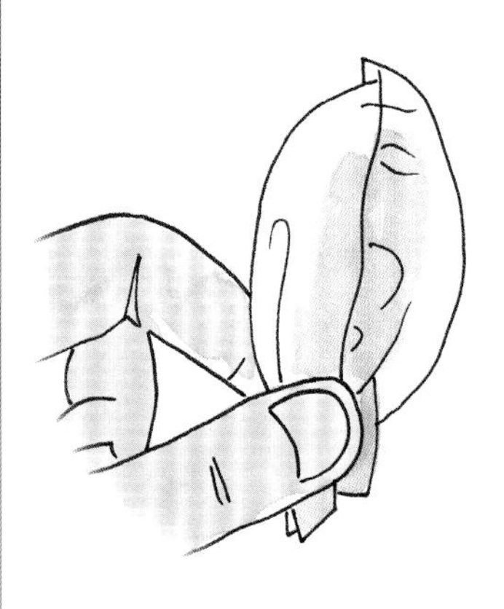

4. 展开折叠的叶子，围绕着底部将线缠绕数次，将线固定并剪断线头。

尖角叶结

请准备好

任意宽度的夹金属丝绸缎或罗缎，剪成长宽比为5：2的缎带

1. 将缎带一边的金属丝抽走。

尖角叶结

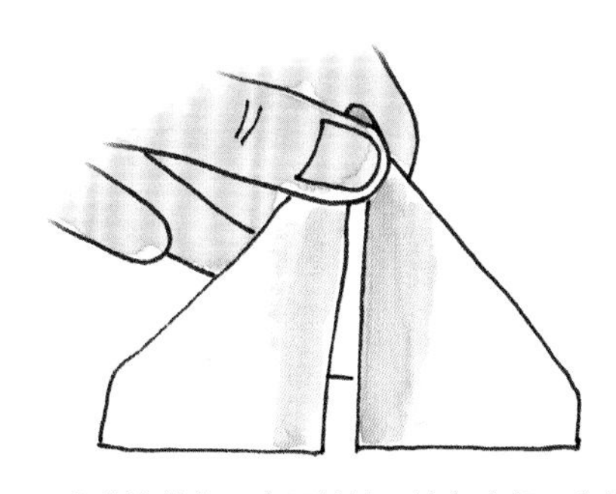

2. 拿着缎带使无金属丝的一端在底部。拿着缎带的顶端，找到缎带的中心，分别向下折叠，形成一个尖角。

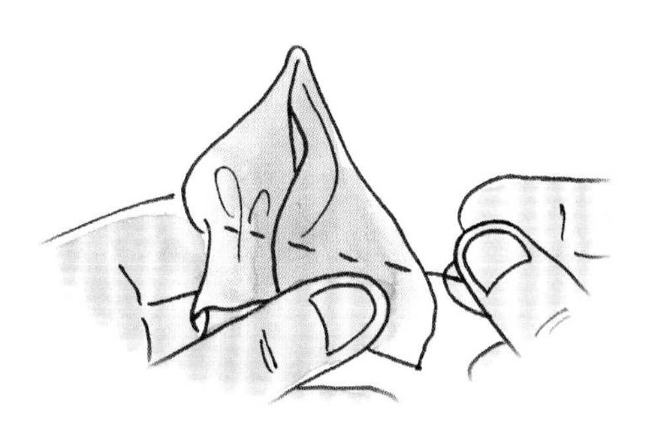

3. 沿着底边缝单针，确保将前后层都缝到。拉线聚拢缎带。围着底部缠绕几次，将线固定并剪断线头。

弯叶结

请准备好

任意宽度的夹金属丝绸缎或罗缎，剪成长宽比为5：1或6：1的缎带

弯叶结

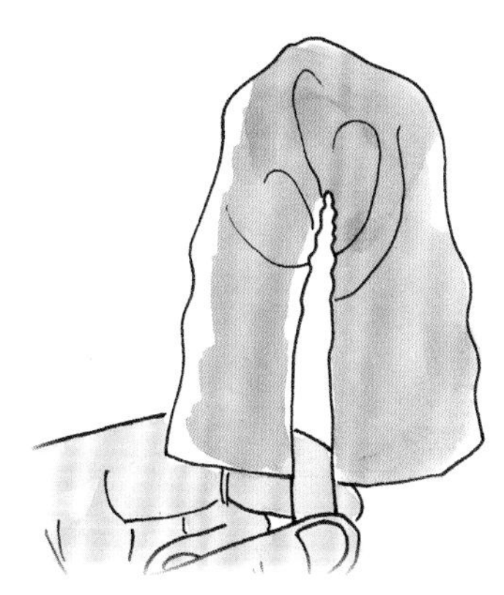

1. 从两端将金属丝拉出，将缎带沿中心弯曲。内部便聚拢形成了曲面。

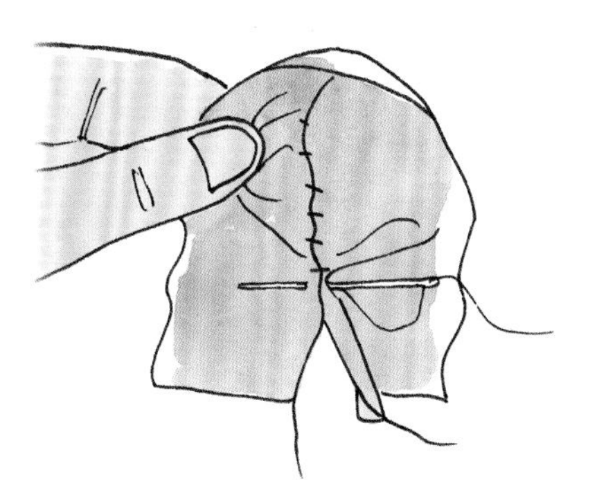

2. 将中心缝合，围着底部缠绕几次线。将线固定并剪断线头。

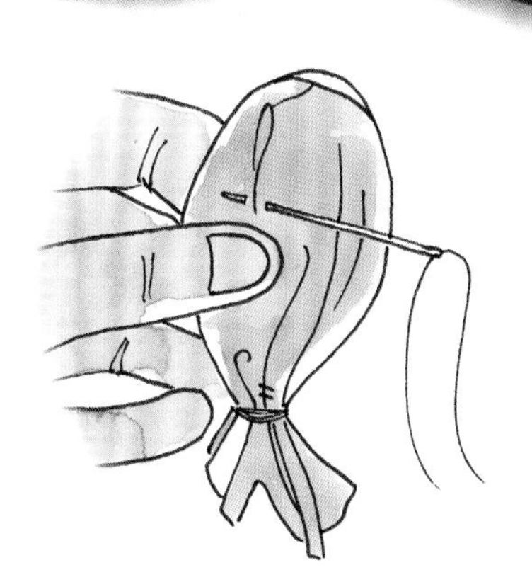

3. 此时叶子顶端背面有一点皱起来的部分。缝几针细小针脚将这部分缝在叶子里面。

第五章

缎带的奇思妙想

这一章为那些想惊艳众人或想冒点险的人展示了许多奇思妙想，实现这些想法需要用到本书前面展示的技巧。这些缎带结的制作过程将会花费更多时间和材料，但成品一定会非常可爱。

神奇相框

让完美的缎带与商店里线条硬朗的相框形成鲜明的对比。可以使用缎带悬挂相框，还可以用不同种类的结装饰相框表面。

从左往右:
一字环形结
（见第65页）

双环结
（见第29页）

领结
（见第31页）

燕尾服结
（见第30页）

扇形结
（见第72页）

圣诞装饰

用充满节日气息的花环和缎带树为你的圣诞餐桌制作一个精美的焦点装饰。

缎带圣诞树

请准备好：

- ❖ 1m长、6mm宽的缎带，用来标记行
- ❖ 90根10cm长、22mm宽的缎带：这里会使用单色的和有图案的缎带
- ❖ 13cm长、10mm宽的缎带，用来做树顶。
- ❖ 90cm长、38mm宽的透明缎带，用来做蝴蝶结。
- ❖ 窄泡沫圆柱，23cm高
- ❖ 25~32mm长的扁头裁缝大头针
- ❖ 剪刀
- ❖ 热熔胶枪和胶棒（可选）

1. 从泡沫圆柱的顶端向下测量4cm，开始绕着这个点缠绕6mm宽的缎带一圈，在绕圆锥体一圈后剪断缎带。重复缠绕剩余的6mm宽的缎带，每行间隔4cm。这些缎带是为缎带行做的标记，以便后面用珠针固定。

2. 拿着2根22mm的缎带，以十字形将它们覆盖在圆柱的顶端。这将遮盖住圆柱顶端，这样顶端的泡沫就看不见了。然后，拿出另一条缎带，对半绕成一个环，有图案那面（若有）朝外。沿着圆柱的顶端边缘将缎带环用珠针固定，第1个树枝就做好了。

3. 沿着顶端继续将缎带折叠做环，并用珠针固定。一般来说，8根缎带就能填满边缘。接下来到下一行，用珠针将大约12根缎带环固定在步骤1所制作的缎带行的标志上。

4. 继续折叠缎带做环，并用珠针将缎带固定在每一行的标记上，随着进行到最后一行，缎带环的数量不断增加。

5. 将10cm宽的缎带围绕着树顶粘合，覆盖住珠针和缎带环的毛边。将透明缎带打个蝴蝶结，用珠针固定在树顶。

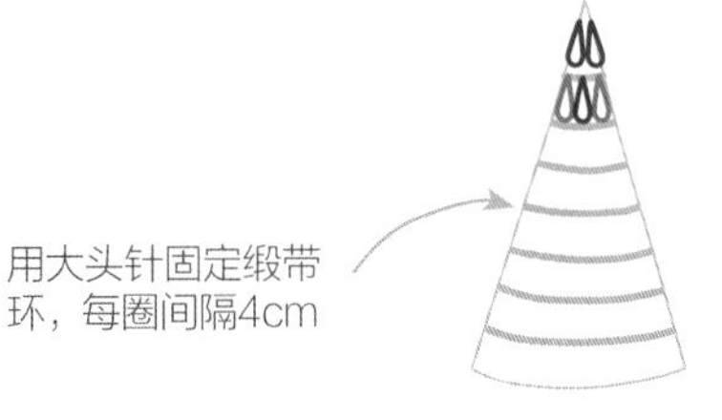

用大头针固定缎带环，每圈间隔4cm

缎带圣诞花环

请准备好：

- ❖ 31cm的四层金属丝制成的花环
- ❖ 42根51cm长、38mm宽的A颜色绸缎、透明缎带或罗缎
- ❖ 42根51cm长、38mm宽的B颜色绸缎、透明缎带或罗缎
- ❖ 23~46m总长、16~25mm宽的缎带，颜色和材质与其相配即可
- ❖ 15cm宽的薄纱一整卷。
- ❖ 剪刀
- ❖ 纽扣、小铃铛和绣花（可选）
- ❖ 缝针和线（可选）
- ❖ 热熔胶枪和胶棒（可选）

1. 如果需要的话，将A颜色和B颜色的缎带尾端修剪成V字形。

2. 拿出金属丝花环，将18根A颜色缎带在最内层的金属丝圆环上打结（见第29页的双环结），每根缎带之间应有所间隔，以便给后面较窄的缎带留有空隙。

3. 跳过下一层金属丝圆环，在第3根金属丝圆环将剩下的24根A颜色缎带打结。

4. 在另外的两圈金属丝环上，将B颜色缎带重复步骤2~3，18根在内层的金属丝上，24根在外层的金属丝上。

5. 将16~25mm宽的缎带剪成20cm长的缎带，如果需要的话将缎带尾端斜剪处理。裁剪出的数量取决于花环是紧实点还是松散点。

6. 将薄纱剪成20cm长，同样，薄纱的数量取决于想让花环紧实点还是松散点。

7. 在大缎带之间的花环框架上将窄缎带和薄纱系一个简单的结。

8. 完成后，将结粘在框架背面，这样在移动和保存的过程中，结不会过度变形。若想增添一些情趣的话，可以在花环上缝一些纽扣、铃铛或者其他贴花饰品。

9. 在最外圈的圆环顶端加一个缎带环用来悬挂花环，或者将花环作为假日餐桌的精美装饰。

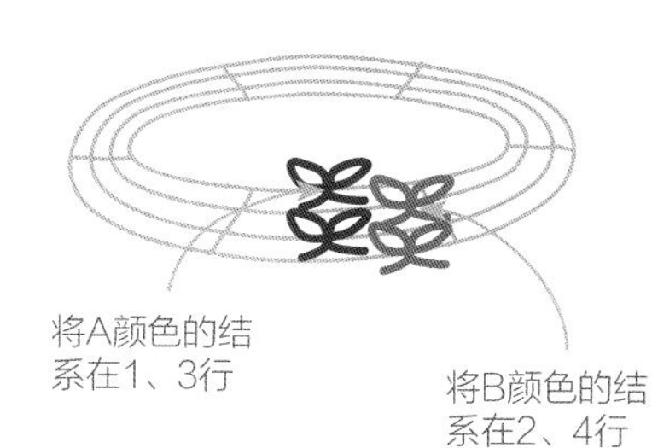

风车结
（见第38页）

分层双环结
（见第29页）

项圈与鞋饰

为爱犬系上缎带项圈和风车结，给它拍张特别的肖像照吧。或者在小孩的鞋子上系上双环结鞋饰，能带来春天般的气息。

派对时光

用颜色和图案相搭配的结作为小女孩的鞋子和套装的亮点。

双层包装结（见第74页）
中心结（见第18页）

环形花环

这个花环充分利用了零碎的缎带。虽然将花环串起来确实需要一些时间，但这是一个令人放松的手工活，适合和朋友、家人一起完成。

请准备好：

- ❖ 11~14m长、22mm宽的绸缎、透明或罗缎，用来缠绕花环
- ❖ 23~27m长、16~38mm宽的颜色和图案互补的绸缎、罗缎或提花缎带。
- ❖ 1.5m长、宽度任意的透明薄纱或罗缎，用来悬挂花环
- ❖ 31cm圆形泡沫花环框架
- ❖ 剪刀
- ❖ 300个25~32mm长的扁头裁缝大头针

1. 选择花环框架的规格一面作为背部。用22mm宽的缎带缠绕花环，用珠针固定在后面然后开始。每层缎带缠绕时要有重叠，确保一些小褶皱只出现在背部，不时地用大头针固定，使缎带固定。

2. 将16~38mm宽的缎带剪成10cm长。所需数量取决于使用的缎带宽度，大约需要200~250段。

3. 将一段缎带卷成一个环，插入一枚珠针。重复制作多个环。

4. 将环用珠针插入花环正面，调整角度使其朝向不同方向，并且每个环尽可能靠近。

5. 继续制作和增加环，直到它们覆盖了花环的前部和大部分边缘，留出花环的背面。

6. 在花环顶部留个位置，以便附上1.5m的缎带用来悬挂整个花环。

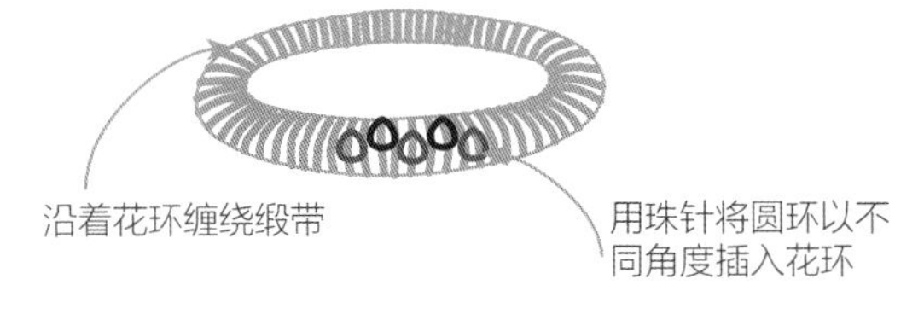

这些色彩斑斓的拖鞋的制作方法是：将环形结（见第44页）系在拖鞋的夹脚的部分然后在中间系上卷卷蝴蝶结（见第32页）、几块薄纱和其他缎带。这个方法也可以用来制作发夹。

俏皮人字拖

一双多彩的人字拖结肯定会让你的脚引人注目！

双层包装结（见第74页）
中心结（见第18页）

家居蝴蝶结

用缎带和结来装饰抱枕、灯罩和其他配饰，为家中增添一种浪漫或奇幻的范围，取决于所选择的缎带配色和种类。

精致小装饰

手工制作的缎带玫瑰和蝴蝶结展示出精致的装饰风格，也让收礼物的人感受到他们是多么特别。

卷边玫瑰结（见第86页）

婚礼点缀

这个缎带花环戴在任何花童头上看起来都十分漂亮。还可以将它搭配好颜色用来装饰接待桌。

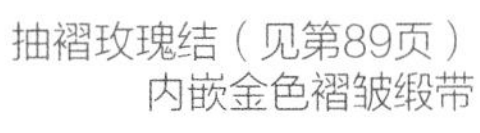

抽褶玫瑰结（见第89页）
内嵌金色褶皱缎带

双环结（见第29页）

多层风貌

将两个不同大小的精致曲结分层叠放在一起，添加尖角结和圆环，最后的成品将成为一件微缩的缎带艺术品。

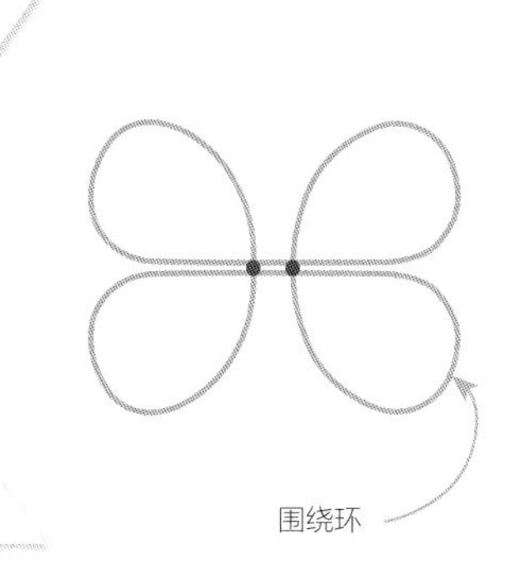

请准备好：

❖ 制作弯曲精致曲结或者双色精致曲结（第40页和第42页）的缎带数量需足够制作一个中等结和一个大结

❖ 8根14cm长、22mm宽的缎带，2组4种相配颜色来制作一个较大的尖角结（见第35页）

❖ 2根29cm长、10mm宽的缎带，两端封边，用来制作圆环

❖ 15cm长、10mm宽的缎带，用来制作中心结

❖ 穿好线的针，一端打结

❖ 剪刀

❖ 气消笔和水溶性马克笔

❖ 热熔胶枪和胶棒

❖ 烙画笔或打火机

❖ 鸭嘴夹

❖ 定型喷雾

1. 做一个大的精致曲结（第40页）或双色精致曲结（第42页）当做基底结。不用添加中心结或夹子。放在一边。

2. 做一个中等大小的精致曲结（第40页）或双色精致曲结（第42页）当做顶端结。不用添加中心结或夹子。放在一边。

3. 用上述提到的8根较长缎带做一个尖钉结（第35页），不用添加中心结或夹子。放在一边。

4. 制作一个围绕环（如上图所示），要先找到2条29cm长的缎带的中心并标记。如果缎带仅在一面有图案，则在反面标记。

5. 如果缎带仅在一面有图案，将图案面朝下。将一根缎带的一边向中心打个环，在离中心线6mm处粘合。要确保缎带打了环，这样之前朝下的图案面现在便朝上。

6. 缎带的另一边在离中心同样的距离处打环。

7. 重复上面的步骤处理第2根缎带，将环朝相反方向放置。将一根缎带放在另一根上，在圆环交接处粘合。

8. 现在结的4个部分都做好了，将它们按以下位置摆放：大的精致曲结放在下面，接下来是尖角结，然后是围绕环，最后是顶端结。

9. 将针和线插入基底蝴蝶结，穿过所有结后穿出。

10. 在基底蝴蝶结的正面涂抹一点热熔胶，将尖角结放在基底蝴蝶结的正面，这样它们就被胶和线一起固定住了。剩下的几层也如法炮制。

11. 绕着整个多层蝴蝶结缠绕线几次。固定住线和夹子。最后粘上中心结。

鸣谢

感谢以下公司提供缎带和材料：

Renaissance Ribbons
www.renaissanceribbons.com

Ribbon Connections, Inc.
www.ribbonconnections.com

The Ribbon Retreat
www.theribbonretreat.com

作者致谢

我要感谢我的丈夫，他给予了我无限的创作自由；感谢一直鼓励我的女儿以及我的父母，是他们教会了我如何坚持。

我还要感谢在QUARTO出版集团和我一起工作的团队，感谢你们与我一起共同创造了这本美妙的书。

作者网站：

www.sewmccool.com

原文书名：50 Ribbon Rosettes & Bows to Make
原作者名：Deanna Csomo McCool

著作权合同登记号：图字：01-2016-3109

图书在版编目（CIP）数据

50 甜美缎带饰 /（美）迪安娜·科兹摩·麦库尔著；李威正译. -- 北京：中国纺织出版社，2018.1
（尚锦手工创意生活系列）
书名原文：50 Ribbon Rosettes & Bows to Make
ISBN 978-7-5180-3932-6

Ⅰ.①5… Ⅱ.①迪… ②李… Ⅲ.①手工艺品－布艺品－制作－图集 Ⅳ.① TS973.51-64

中国版本图书馆 CIP 数据核字（2017）第 206289 号

责任编辑：刘　茸　　　　责任印制：储志伟
装帧设计：培捷文化

中国纺织出版社出版发行
地址：北京市朝阳区百子湾东里 A407 号楼　邮政编码：100124
销售电话：010—67004422　传真：010—87155801
http: //www.c-textilep.com
E-mail: faxing@c-textilep.com
官方微博 http://weibo.com/2119887771
北京华联印刷有限公司印刷　各地新华书店经销
2018 年 1 月第 1 版第 1 次印刷
开本：710 × 1000　1/12　印张：10.5
字数：100 千字　定价：39.80 元